固废综合利用
——绿色墙材制备技术

金彪　张建武　汪潇　著

北　京

冶 金 工 业 出 版 社

2023

内 容 提 要

　　本书详细阐述了建筑垃圾、污泥、矿井盐泥、煤矸石、镍渣等固体废弃物的基本特性及其制备绿色墙材的工艺技术，主要内容包括：建筑垃圾蒸养砖制备技术、矿井盐泥蒸养砖制备技术、污泥蒸养砖和烧结砖制备技术、镍渣免烧砖制备技术、铁尾矿的活性激发及其蒸养砖制备技术、提铝粉煤灰残渣轻质保温板制备技术。

　　本书可供从事固废资源化、无机非金属材料工程、环境工程等相关领域的科研人员、工程技术人员和管理人员阅读，也可供高等院校有关专业师生参考。

图书在版编目（CIP）数据

　　固废综合利用：绿色墙材制备技术／金彪，张建武，汪潇著 . —北京：冶金工业出版社，2022.9（2023.11 重印）
　　ISBN 978-7-5024-9235-9

　　Ⅰ.①固… Ⅱ.①金… ②张… ③汪… Ⅲ.①固体废物利用—应用—墙体材料—材料制备—研究 Ⅳ.①X705 ②TU5

　　中国版本图书馆 CIP 数据核字（2022）第 141830 号

固废综合利用——绿色墙材制备技术

出版发行	冶金工业出版社	**电　话**	（010）64027926
地　址	北京市东城区嵩祝院北巷 39 号	**邮　编**	100009
网　址	www.mip1953.com	**电子信箱**	service@mip1953.com

责任编辑　高　娜　　美术编辑　燕展疆　　版式设计　郑小利
责任校对　郑　娟　　责任印制　禹　蕊
北京建宏印刷有限公司印刷
2022 年 9 月第 1 版，2023 年 11 月第 2 次印刷
710mm×1000mm　1/16；12.25 印张；239 千字；186 页
定价 78.00 元

投稿电话　　（010）64027932　　投稿信箱　tougao@cnmip.com.cn
营销中心电话　　（010）64044283
冶金工业出版社天猫旗舰店　yjgycbs.tmall.com
（本书如有印装质量问题，本社营销中心负责退换）

前　　言

国家发改委、工业和信息化部、科技部、自然资源部、生态环境部、财政部等十部门联合印发了《关于"十四五"大宗固体废弃物综合利用的指导意见》，明确到 2025 年，煤矸石、粉煤灰、尾矿（共伴生矿）、冶炼渣、工业副产石膏、建筑垃圾、农作物秸秆等大宗固废的综合利用能力显著提升，利用规模不断扩大，新增大宗固废综合利用率达到 60%，存量大宗固废有序减少。

我国固体废弃物分布不均衡，区域差异大，利用难度大。受地域资源禀赋、经济发展水平、技术能力影响，我国固体废物产生量和堆存量在区域分布上极不均衡，具体表现为固体废物与地区经济发达程度呈逆向分布，与产品市场呈逆向分布。作者针对常见大宗固体废弃物的基本特性及其制备绿色墙材工艺技术进行了系统的研究，并根据多年来的科研成果撰写了本书，以期促进利用固废制备绿色墙材的研究与发展。

本书详细阐述了建筑垃圾、污泥、矿井盐泥、煤矸石、镍渣、铁尾矿、提铝粉煤灰残渣的化学成分、物相组成、微观形貌、热学性质、粒度分布和细度等基本特性；在此基础上，研究了利用这些固体废弃物制备绿色墙材的工艺技术。主要内容包括：建筑垃圾的基本特性及其制备蒸养砖、矿井盐泥的基本特性及其制备蒸养砖、污泥的基本特性及其制备蒸养砖和烧结砖、镍渣制备免烧砖、铁尾矿的活性激发及其制备蒸养砖、提铝粉煤灰残渣基本特性及其制备轻质保温板。

本书主要由河南城建学院金彪、张建武、汪潇合作撰写。在本书的写作和成稿过程中，河南质量工程职业学院张舒雅老师对部分图表和资料进行了绘制整理，河南城建学院李志新副教授、杨留栓教授也给予了热忱帮助，在此深表感谢。本书内容所涉及的研究得到了国家自然科学基金、河南省重大专项基金的大力支持和资助，在此一并表示衷心的感谢！同时，对书中所引用文献资料的中外作者致以诚挚的谢意！

由于固废利用涉及知识面极为广泛，来源不同的同种固废理化性质有明显差异，加上作者水平所限，书中不妥之处，恳请广大读者批评指正。

作 者

2022 年 4 月

目　　录

1 绪　　论

1.1　固废综合利用的意义

固体废物，是指在生产、生活和其他活动中产生的丧失原有利用价值或者虽未丧失利用价值但被抛弃或者放弃的固态、半固态和置于容器中的气态的物品、物质以及法律、行政法规规定纳入固体废物管理的物品、物质。我国是固体废物产生大国，固体废物累积堆存量呈现逐年增长态势，如不进行妥善处理和利用，将对资源造成极大浪费、对环境造成严重污染、对社会造成恶劣影响。面对严峻的环境形势与现代化发展的矛盾现状，"我们既要绿水青山，也要金山银山"阐明了经济发展与生态保护的辩证统一关系。

固体废物是放错位置的资源，固废资源化利用是高质量发展的要素，固废的减量化和资源化利用水平是国家和地区生态文明建设水平的重要指标，也是推进治理现代化和提高公民素质具体而有力的抓手。2020 年 9 月，习近平主席在第七十五届联合国大会上郑重承诺，中国二氧化碳排放力争在 2030 年达到峰值，在 2060 年实现碳中和。实现"双碳"目标，是我国应对气候变化做出的积极承诺，也是我国加强生态文明建设和建设美丽中国的必然要求。固废资源化利用可以通过源头减量、能源替代等方式实现碳减排，是实现"双碳"目标的重要手段；固废资源化不仅缓解了部分行业原材料紧缺的现状，还为改善生态环境发挥了重要作用。长远来看，固废综合利用会给我国带来明显的环境效益、经济效益和社会效益。

（1）环境效益。从源头上消除固废处理不当对人居生活环境的影响，解决"垃圾围城""垃圾困村"等顽疾。简单堆放、填埋会造成地表水氮、硒、氟化物超标，并产生雾霾和温室气体，更何况还有危险废物。资源化是治理大气、水体和土壤污染的重大举措，有利于优化美化城市和农村生活环境，满足人民日益增长的对美好环境的诉求，促进生态宜居的美丽中国建设。同时，固废资源化利用将为国家应对气候变化和实现"双碳"目标作出实际贡献。

（2）经济效益。多种固废资源化利用，"化腐朽为神奇"，发展潜力巨大，可形成多个产业链条，是环保战略性新兴产业，能够培育新的经济增长点和新动能。据估计，到 2030 年，我国主要"城市矿山"的回收价值可达 2.14 万亿元，乡村废物的资源化利用产生投资效益 3.97 万亿元，重点工业固体废物资源化经济效益 1.35 万亿元。同时，以资源化利用节约能源，以能源化利用优化能源结构，可减轻原生资源开采利用及相关资源的对外依存度，仅钢铁的回收再利用，可使铁钢资源的对外依存度由 60% 降至 30%。

（3）社会效益。有利于民众健康、扩展就业、增加收入，提升人民获得感，进而促进全民参与，增强社会和政府的公信力，从根本上避免不必要的社会冲突。同时，有利于提升公民素质，促使全体公民养成绿色、低碳、循环的生活方式和良好习惯，形成节约资源和善待自然的意识，促进每个社会细胞绿色化、低碳化，实实在在提高广大居民的文明程度和社会责任感。还有利于提升社会治理水平，促使企业、公众、政府等多方面密切合作，推动国家治理体系和治理能力现代化。

1.2 固废综合利用存在的主要问题和发展趋势

1.2.1 固废综合利用存在的主要问题

党的十八大以来，我国把资源综合利用纳入全面加强生态文明建设"五位一体"总体布局。随着生态文明建设的深入推进和环境保护要求的不断提高，大宗固废综合利用作为我国构建绿色低碳循环经济体系的重要组成部分，既是资源综合利用、全面提高资源利用效率的本质要求，更是助力实现碳达峰碳中和、建设美丽中国的重要支撑。随着各项固体废物产业发展相关政策的出台和落实，我国固体废物综合利用取得了长足发展，大宗固废综合利用水平不断提高，产业规模逐步扩大，技术装备不断进步，综合利用产业体系不断完善；政策法规、标准和统计体系逐步健全，体制机制不断完善；商业模式不断创新，关键瓶颈技术取得突破，大宗固废综合利用技术创新体系逐步建立；产业集中度与服务水平显著提升，为我国保持经济平稳较快发展提供了有力支撑，大宗固废综合利用产业高质量发展新格局基本形成。

随着综合利用产业的快速发展，预计到 2025 年，大宗固废综合利用量将持续扩大达到 47.8 亿吨，综合利用率提高至 60.9%。其中，煤矸石、粉煤灰、工业副产石膏、秸秆的综合利用率分别达到 70%、78%、70%、86%。"十三五"期间，累计综合利用各类大宗固废约 130 亿吨，减少占用土地超过 6.67 万公顷。虽然近年来，在环保政策倒逼和产业政策红利的大力推动下，我国固体废物综合利用取得了长足发展，但是由于我国固体废物新增产量大、历史堆存量大、成分复杂、区域处理水平失衡、综合利用面临技术瓶颈、环境监管能力较薄弱，对于突发性事件处理能力不足等，我国固体废物综合利用依然存在利用量小、附加值低、利用成本高、技术开发投入不足、市场活跃度较低、法律法规不完备、政策机制不完善、配套政策不协调、总体规划等顶层设计薄弱等诸多制约产业发展的问题。

（1）固体废物产生量大，综合利用区域发展不平衡。根据国家统计局数据可知，我国的建筑垃圾产生量正逐年增长，已从 2010 年的 8.12 亿吨增长到 2018 年的 18.5 亿吨；同时，结合住建部公布的最新规划，我国建筑垃圾年产生量预计会突破 30 亿吨。根据《2016—2019 年全国生态环境统计公报》显示，一般工业固体废物产生量由 2016 年 37.1 亿吨上升为 2019 年 44.1 亿吨，上升了 18.7%。"十二五"期间，我国大宗工业固体废物总产生量约达 180 亿吨，平均每年产生量约 36 亿吨，截至"十二五"末，我国大宗工业固体废物总堆存量已达 30 亿吨；截至"十三五"末，大宗固废累计堆存量约 600 亿吨，年新增堆存量近 30 亿吨，其中，赤泥、磷石膏、钢渣等固废利用率仍较低，占用大量土地资源，存在较大的生态环境安全隐患。如此大量的大宗工业固体废物，给综合利用带来了巨大的压力，目前，我国大宗工业固体废物综合利用率不足为 50%。

我国固体废物分布不均衡，区域差异大，利用难度大。受地域资源禀赋、经济发展水平、技术能力影响，我国固体废物产生量和堆存量在区域分布上极不均衡，具体表现为固体废物与地区经济发达程度呈逆向分布，与产品市场呈逆向分布。我国固体废物多产在资源相对较为丰富的经济欠发达地区和偏远地区，呈现出经济欠发达地区和偏远地区多而经济发达地区少的特点；而资源综合利用产品用户多集中在城市。经济较为发达地区固体废物产生量小，但市场需求大，而偏僻地区市场容量有限，且受市场销售半径限制，大量的废弃物难以得到利用。工业固体废物产生量主要集中在煤电、矿业等产业聚集区域，如四川省攀枝花市、辽宁省辽阳市、广西壮族自治区百色市等。根据调查显示，东部经济发达地区，工业固废综合利用水平较高，所以工业固废的产生量较少；而中西部经济欠发达地区，工业固废综合利用水平较低，但工业固废总量却较大，这种矛盾导致了区域发展失衡。不同种类的固废，资源属性不同，利用难度不同，如目前矿渣已得到很好的利用，而钢渣因其自身的安定性不良、易磨性差、活性较低等，其综合利用率较低；工业副产石膏中脱硫石膏利用率较高，但是磷石膏、钛石膏、氟石膏等复杂难用工业副产石膏的资源化利用途径较少。同类固废的具体化学成分含量因原料产地、原料性质、生产工艺、技术水平、处理工艺等不同而差异较大，如不同电厂或同一电厂不同时期排出的粉煤灰的具体化学成分含量不同。复杂的成分，给固体废物综合利用带来了极大的难度，造成预处理成本高，利用量小，产品质量难以保证，利废企业盈利空间小等问题，制约其商品化和在建材领域大规模应用。

（2）固体废物的综合利用技术水平不高。城市固废是具有较高资源化利用价值的，然而从当前情况来分析，国内固废处理行业产业化发展程度与市场集中度都不高，城市固废处理并未将资源化利用方式作为重点，当前执行的管理体制难以切实推进固废资源化利用行业进一步发展，民间资本与政府资金不够，种种原因都限制了城市固废资源化利用。日本、韩国及欧盟这些发达国家与地区城市建设垃圾资源化综合利用率高达 90%，但我国却不到 30%。因此可知，我国城市固废资源化综合利用程度还需加强提升。早期垃圾填埋只是简单的填埋，没有考虑过垃圾中气、液污染问题，造成严重环境污染。21 世纪以来，随着我国相关技术进步，有效解决填埋防渗问题，广州、深圳等许多新建的垃圾卫生填埋场采用了先进的 HDPE 膜防渗技术。除了填埋处理，另一项主要处理措施是焚烧。城市固废焚烧可有效减容减重，但是焚烧过程中产生的二噁英会对人体产生不可逆的危害。随着焚烧技术发展和焚烧设备完善，二噁英排放已被有效控制。任何单一处理工艺都无法使得固废完全达标，但多工艺协同处理由于成本限制导致其发展缓慢。

目前，我国在工业固废综合利用方面已经取得了一定的进展，但整体水平依旧有待提高。根据国务院关于印发《"十三五"生态环境保护规划》的通知，在2020 年时，我国的工业固废综合利用率应提高至 73%，然而实际尚未达到此目标。从综合利用情况来看，一方面是国内从事相关业务的企业规模较小，与上游产生工业固废的企业关联度不足，同时，上游企业对工业固废综合利用重视度也不够，限制了下游企业的发展，导致企业无法发挥规模效益；另一方面是在工业固废综合利用方面依旧存在一些技术瓶颈，会出现技术支撑不足、综合利用率不高的情况，所以还有待进一步提升利用水平。经过对我国的工业固体废物综合利用技术的研究可知，技术发展已经取得了一定成果，但是在工业固体废物资源利用技术方面仍然存在一些问题，企业对工业固体废物的综合利用技术仍然缺少正确的认识，没有对设备及技术进行完善，这使实际的使用效果受到了影响，无法保证我国工业固体废物的综合利用率。实验室阶段的技术多，而真正能产业化的成熟技术少。近年来，随着国家政策的倾向，产业政策的大力支持，带动了一大批科研院校和企业在本领域的技术创新热潮，技术创新积极活跃度显著提高，大宗工业固废综合利用领域相关专利申请和授权数量显著增加，我国各类大宗工业固体废物基本上都能做成产品。然而，受原料性质波动、宏观经济影响、市场销售半径因素制约等，真正能经得起市场考验、实现产业化且能盈利的技术则少之又少，且大部分集中在传统建材行业，产品附加值低、销售半径有限。低附加值规模化技术成熟，相关产品面临产能过剩，而高附加值规模化技术的产业化少。固体废弃物在高端建材领域的应用尚存在许多技术瓶颈，尤其缺乏大规模、高附加值利用且具有带动效应的重大技术和装备。

（3）固体废物监督管理体系还需完善。近年来，我国固体废弃物的种类愈来愈丰富，固体废弃物处理成为工业管理的重要内容。基于此，相关固体废弃物管理人员需要加强对固体废弃物的认识和了解，包括其对自然环境的危害性、不同种类的特殊性以及可利用性。但是，在实际的管理过程中，很多监督管理人员缺乏认识，忽视固废的利用价值和污染性特点，一味地将固废作为工业垃圾进行简单处理。此外，当前我国对于相关专业管理人员的培养也不够，导致固体废弃物处理工作人员的专业素质较低，难以体现固体废弃物处理的科学性与专业性水平，需要引起相关部门和单位的重视。

虽然《固体废物污染环境防治法》要求大中城市定期发布固体废物污染防治信息，相关大中城市每年也都发布了固体废物污染防治信息，但数据相对滞后，且发布的数据不完整，各地发布的数据格式也不统一，有的城市数据相对比较全，而有的城市数据非常笼统，如天津市、石家庄市、唐山市等只列了一般工业固体废物的产生量、综合利用量、综合利用率，而未具体列明每种类别的有关情况。除此之外，所有的城市都对固体废物的产生方式、固废产率、原料性质，以及综合利用的方式、途径等这些对指导我国大宗工业固体废物减量化和资源化至关重要的关键信息未披露，不利于提出科学的政策措施，更不利于根据实际情况对政策措施做出实时调整。

在《工业绿色发展规划（2016—2020 年）》等国家相关产业政策的文件里，针对资源综合利用指标，全国实行统一标准，未充分考虑地区差异，导致西北偏远地区资源综合利用压力大，因此，会造成将各类含有稀缺资源和具有储备价值的优质资源用于生产附加值较低建材，进而不仅导致有价资源最终进入建筑废物，无法回收，且还会造成严重的产能过剩问题。此外，各地数据的真实性也有待考究。部分协会及相关组织也进行了少量统计工作，但他们的方法不统一、口径不一致、统计数据不完整，且信息交流不畅，难以作为宏观指导的基础依据，难以针对实际情况提出有效措施。

（4）相关法律、规范还需加强，宣传力度不够。近几年来，虽然我国高度重视环境保护工作，不断出台相应的环境保护政策和规范性指南，社会大众也能够意识到环境保护对于社会建设和发展的重要意义。但是，部分企业依然缺乏环保专业理念，只是在思维上认可环保意识，缺乏实践。没有将环保专业理念落实于具体的工业建设和发展过程之中，对于工业的可持续发展带来极为不利的影响。另外，从工业的整体发展情况来看，我国的固废处理服务体系尚未构建成熟，缺乏科学性和专业性特点，使得很多企业不知道如何开展工业固废处理工作，给我国的环境保护工作带来极为不利的影响。我国城市居民环保意识有待提高，尽管城市中设置了垃圾分类箱，然而一些市民垃圾分类意识淡薄，缺少垃圾分类常识。有关部门针对固废危害性、处理方式、综合利用的宣传教育力度不够，对提高大众环保意识与落实垃圾分类措施有所不利。各地区应该制定城市固废自然堆放的有效管理体系，及时对堆放当中容易发生的问题进行预判，同时制定对应的优化措施。并且堆放过程可能会受不同天气的影响，对于不同情况，需要实施相应的对策进行合理处理。另外，生态环保部门需要制定完善的环保宣传体系，提高环保宣传力度，切实保障固废处理与综合利用。

大宗工业固体废物减量化、资源化利用相对滞后，缺乏对固体废物产生者责任的约束性制度要求。我国仅在大宗工业固体废物安全堆存、处置等方面有强制性法律要求，而在减量化、资源化方面未加以规范并提出强制性要求。相关法律对固体废物减量化、资源化的要求多为原则规定，缺乏对固体废物产生者责任的约束性制度要求，导致企业采用先进适用技术改造传统产业，从源头减少工业固体废物产生的压力不够、动力不足，对综合利用重视程度不够。生产者责任延伸制度狭窄。扶持保障制度不足，已有扶持政策协同性、系统性不够，相关价格政策滞后。大宗工业固体废物综合利用产业由于综合利用技术复杂、经济效益差，资源综合利用项目投资大、利润少、投资回报期长等，属于政策驱动型产业，为持续、深入推进资源综合利用，大宗工业固体废物综合利用产业需要得到政府相关配套财税政策的大力支持和扶特。

1.2.2 固废综合利用发展趋势

据《2020 全国大、中城市固体废物污染环境防治年报》，2019 年，196 个大、中城市一般工业固体废弃物的产生量共计约 13.8 亿吨，综合利用量为 8.5 亿吨，处置量为 3.1 亿吨，贮存量为 3.6 亿吨，倾倒丢弃量为 4.2 万吨；工业危险废弃物产生量共计约为 4498.9 万吨，综合利用量为 2491.8 万吨，处置量为 2027.8 万吨，贮存量为 756.1 万吨；医疗废物产生量 84.3 万吨，产生的医疗废物都得到了及时妥善处置；生活垃圾产生量 2.35 亿吨，处理率达 99.7%。通过以上数据可以看出，利用贮存等方式处理固废的总量依然非常大，这不仅浪费了资源、占用了土地，且还存在严重的环境与安全隐患，所以，科学落实固废处理、进一步提高综合利用水平十分关键。

（1）推进源头减量化，引导绿色发展方式和生活方式。"无废城市"并不是没有固废产生，也不意味着固废能完全资源化利用，而是以创新、协调、绿色、开放、共享的新发展理念为引领，通过推动形成绿色发展方式和生活方式，持续推进固体废物源头减量和资源化利用，最大限度减少填埋量，将固废的环境影响降至最低的城市发展模式，旨在最终实现固体废物产生量最小、资源化利用充分、处置安全的目标，实现资源、环境、经济和社会共赢，需要长期探索和实践。

在固废处理中源头减量化是根本，因此必须严格把控建设项目的准入门槛。例如，对于一些工业固废产生量大、资源化程度低、无法就近利用处置的项目，从严审批；对于一些固废无法利用处置的项目，严禁审批。同时，应积极引入绿色生产技术，建设绿色园区，按固废产生量进行分类施策，加大循环再生设施的建设力度，增大处理规模。根据固废的属性来看，其具有污染性与资源属性，环境管理的重点应放在末端治理朝着固废与资源统筹管理的方向发展，引导绿色发展方式和生活方式，走循环可持续发展的道路，实现固废产生量达到最小化、循环利用率达到最大化。

（2）建立固体废物数据库。建立统一的固体废物产生量核算方法及产生量、特性和处理去向等内容的基础信息数据库，尤其是摸清固体废物产生量底数、资源的赋存状况、利用现状等基本信息是严格监管、精准治废、科学制定宏观指导政策和及时调整政策措施的重要基础依据，是促进固体废物资源规模化开发利用的首要环节，是合理利用资源和提高资源利用效率的前提条件，是借助数据驱动产业快速发展的关键条件。

固体废物产生量的底数不清，处理去向统计数据的科学性和可靠性自然也会大打折扣，覆盖全国、包含各类固体废物的"减量化、资源化、无害化"的绩效评估就无从谈起，固体废物环境管理顶层设计就成了空中楼阁，固体废物处理与利用对环境质量改善作出的巨大贡献也难以客观呈现。建立固体废物全面摸底调查工作机制，开展固体废物全面摸底调查工作，摸清家底。其中，各省、市、县、区相关主管部门任全面摸底调查小组成员，具体负责其辖区内的各类固体废物的全面摸底调查工作。市级及以上各级人民政府建立固体废物数据管理平台，将相关调查数据存储在数据管理平台，作为环境保护税法的比对数据库和后续制度定相关政策、开展综合治理与利用工作的基础依据。重点调查辖区内各类大宗工业固体废物产生情况，包括产废企业名称、产品名称、企业生产工艺、主要生产设备、设计生产能力、实际生产能力、资源消耗量、资源属性（如铁矿石品位、煤含硫量）、大宗工业固体废物的名称、固废产生量、固废产率、固废理化性质、固废处理处置途径、固废处理处置量、固废处理处置工艺、固废掺量等。

（3）营造有利于产业发展的政策环境。针对固废填埋处理，需要采取妥善的固废压缩措施，切实做好减容处理工作，有效节约土地资源。各级政府需要颁布有关固废处理扶持政策，并切实保障扶持政策得以落实。目前，地方政府应结合国家固废分类资源化的法律法规体系，有针对性地制定地方性法规，为固废资源化产业发展提供可靠的政策环境。其中，一方面应加大财税优惠力度，如扩大资源化产品税收优惠、绿色采购等政策的覆盖范围，构建灵活的资源化利用、无害化处理价格机制，实现"谁利用，谁受益""谁回收，谁受益"。而另一方面，要完善相关监管惩戒机制，对不同的部门进行合理分配管理责权，做到分工明确、充分协作，同时加大固废非法抛弃、转移、利用、处置等行为的打击力度，由此提高企业对固废资源化处理的自觉性，以保证固废处置工作符合相关法律法规要求。

在现行政府管理制度设计下，把资源综合利用放在环境保护的法律框架内，从企业承担社会责任的高度，在减量化、资源化方面加以规范并提出强制性要求，加强对固体废物产生者责任的约束性要求，从源头施压，迫使产废企业高度重视固废废物的减量化、资源化和无害化。加快完善资源分类处理处置制度和生产者责任延伸制度，强化产废企业在源头进行分类，鼓励第三方企业进行资源预处理，规范资源综合利用体制机制，为固废的综合利用创造良好的政策环境。加强和完善固体废物综合利用产业扶持政策，形成资源综合利用长效机制。整合已有扶持政策，保证政策的协同性、系统性，完善相关价格政策，根据行业发展情况及时调整、细化资源综合利用相关税收优惠政策。

（4）加大科技投入和人才队伍建设。建立推动技术革新和科技成果的制度，在政策引导、资金奖励、指导服务、知识产权保护等方面给予更大的支持力度，营造良好的科技支撑环境，各级政府切实加大固体废物利用处置领域基础性、前瞻性、关键共性技术和大规模、高附加值利用且具有带动效应的重大技术和装备的科研投入和政策支持，鼓励开展大宗固体废物综合利用的科学技术研究。完善人才培养体系和制度，将资源综合利用专业纳入我国高等教育体系中，加大专业技术人才、创新人才、经营管理人才和技能人才的培养力度。构建学习与实践相结合，培养与使用相结合的人才培养机制，培养一批懂技术、懂政策、会经营、会管理、善创新的优秀人才队伍，满足大宗固体废物治理和资源综合利用发展对高层次人才的多元化需求。

（5）建立"互联网＋"大宗固废综合利用模式。基于信息化技术的发展，可将云计算、"互联网＋"、物联网等技术与固废综合利用技术进行深度融合，打造综合管理体系，以对固废产生、回收以及资源化的利用过程进行全面的信息采集、数据分析、流向监测，提高其整体的风险管控水平，进而推动固废综合利用项目的建成。在"互联网＋"的大时代背景下，将大宗固体废物的环境要素信息和综合利用要素信息与互联网结合，充分利用大数据、云计算等技术，建立技术融合、业务融合、数据融合的大宗固体废物大数据库和资源共享开放门户平台，全面系统汇集大宗固体废物产生、资源属性、利用、污染防治、产品环境健康风险评估与控制等方面的相关数据，实现大宗固体废物污染防治和综合利用领域各种要素的信息共享，破除体制障碍，消除利益藩篱，打破信息壁垒，并充分挖掘大宗固体废物减量化、无害化、资源化领域的大数据"钻石矿"，精准开展政务信息、产业信息、科技成果、技术装备、研发设计、生产制造、经营管理、采购销售、测试评价、质量认证、学术、标准、知识产权、金融、法律、人才等方面资源的共享服务，是中国大宗固废污染防治和综合利用领域的大趋势。

充分利用大数据、互联网等现代化信息技术手段，推动大宗固废产生量大的行业和地区建设大宗固废监管信息系统，对大宗固废产生、贮存、转运、利用等动态信息进行实时统计，完善基于信息数据系统的产业管理体系。建立完善大宗固废综合利用交易信息平台，为产废和利废企业搭建信息交流平台，分品种及时发布大宗固废产生单位、产生量、品质情况等，推动企业间、产业间、区域间加强信息交流，提高资源配置效率。

（6）提高固废综合利用产品市场认可度。技术、产品标准和市场监管滞后，法规标准尚不完善，综合利用产业缺少规范和引领，资源综合利用类产品市场认可度低，难以大规模推广；产品市场空间小、利废建材产品市场占有率低、地域限制特征明显，严重影响了固废的资源化。强化技术标准引领，从根本上消除消费者对综合利用产品安全性的疑虑，提高资源综合利用产品市场认可度。建立综合利用技术规范、行业规范，明确的技术政策和规范标准要求。开展综合利用产品环境健康风险评估与控制等方面的跟踪研究，建立综合利用产品质量标准体系。建立相应的监督监管机制，引导资源综合利用产业规范发展。建立绿色采购制度。地方政府在采购中优先选用符合标准的综合利用产品，如在生态文化旅游产业项目、县区内公路和铁路建设项目、县城建设、特色小镇项目、美丽乡村、精准扶贫、河道坝治理、危房改造、保障性住房、大型公共建筑、农田水利工程、水库建设工程、防洪保安工程等项目，优先选用符合技术质量要求的固体废物新型建材产品，在沙化治理工程、重金属污染治理工程、盐碱地改良工程中优先选用固体废物土壤调理剂，在采空区、矿坑治理工程中优先选用固体废物基胶凝材料。全面深化推进落实相关限制性政策，引导资源转换，为大宗固体废物资源综合利用产品腾出市场空间。加大资源综合利用产品宣传推广力度。通过报纸、电视、网络、新媒体等多渠道，采用开辟专栏、组织专题报道多形式，加大对固体废物综合利用产品的宣传，充分调动各方的积极性、主动性和创造性。

"十四五"时期应纵深推动大宗固废综合利用发展，系统谋划、重点突破、整体推进、精准发力，实现大宗固废综合利用规模、速度、质量、结构、效益有机统一，助力实现碳达峰碳中和目标。习近平总书记多次强调，"绿水青山就是金山银山""要坚持节约资源和保护环境的基本国策""像保护眼睛一样保护生态环境，像对待生命一样对待生态环境""生态环境保护是功在当代、利在千秋的事业"。党中央、国务院高度重视环境保护工作，将其作为贯彻落实科学发展观的重要内容，作为转变经济发展方式的重要手段，作为推进生态文明建设的根本措施。国家和人民一起实现《关于"十四五"大宗固体废弃物综合利用的指导意见》目标，到 2025 年，煤矸石、粉煤灰、尾矿（共伴生矿）、冶炼渣、工业副产石膏、建筑垃圾、农作物秸秆等大宗固废的综合利用能力显著提升，利用规模不断扩大，新增大宗固废综合利用率达到 60%，存量大宗固废有序减少。大宗固废综合利用水平不断提高，综合利用产业体系不断完善；关键瓶颈技术取得突破，大宗固废综合利用技术创新体系逐步建立；政策法规、标准和统计体系逐步健全，大宗固废综合利用制度基本完善；产业间融合共生、区域间协同发展模式不断创新；集约高效的产业基地和骨干企业示范引领作用显著增强，大宗固废综合利用产业高质量发展新格局基本形成。

1.3 固废制备绿色墙材的巨大潜力

环境规划署发布的《砂子，比你想象的更稀缺》报告提到，全球每年有超过400亿吨的砂子和砾石（颗粒稍大的砂子）被开采出来。仅在2012年，全球使用的砂子就能沿着赤道建造出高和宽各27m的混凝土墙。越来越多的数据表明，砂子快不够用了。同时采砂和开山炸石给生态环境造成了严重的影响。砂石资源的短缺、环境的束缚，已经无法满足大量使用砂石骨料的产业，我国多省已无砂可买。因此，利用尾矿砂、废石、建筑垃圾、煤矸石、粉煤灰、钢渣等固体废弃物作为粗细骨料制备绿色墙材大有可为。

经过长期的科研开发和工程应用实践，根据各种固废的不同特性制备的粉体材料，可在混凝土墙体材料中作为性能调节型材料（改善胶凝性、提高密实性、改善工作性、提高耐久性等），一些工业固体废物已经成为实现混凝土某些性能不可或缺的功能和结构组分。建筑垃圾综合利用主要用于生产粗骨料、再生细骨料、再生微粉、再生园林土等为代表的中间产品，以及再生砖、再生预拌混凝土、再生混凝土制品、再生复合筑路材料等再生系列终端产品，目前可以做到各种产品的性能指标和关键技术指标均高于现行国家、行业标准，能够达到国际先进水平。建筑垃圾再生材料应用广泛，如再生混凝土、砂浆、砌块、砖、板材等应用于建筑工程，再生透水混凝土、透水砖、无机混合料、级配碎石、回填材料等应用于市政交通工程，再生骨料作为渗蓄材料用于海绵城市建设领域，再生混凝土制品用于地下综合管廊等。

虽然随着建材工业的结构调整，水泥强度要求的提升，32.5等级复合硅酸盐水泥逐步被取缔，固废作为掺合料的比例有所下降，但42.5及以上等级水泥的平均利用废渣比例仍可维持在20%左右。目前，固体废物在建材、墙材中资源化利用的潜力并没有完全被挖掘和利用，一些高性能化和高值化利用的技术路线和创新创意，还没有得到实践和应用。需要指出的是，在这个问题上，不仅仅是技术的可行性问题，观念和认识问题依然存在。未来，随着政府和社会认知的转变以及货运线路资源输送保障能力建设的加强、产品标准等相关政策的完善、互联网大数据的运用、固体废物资源的管理和市场配置的优化，固体废物作为资源的属性将会越来越强，在墙材中资源化利用的巨大潜力将被全面激活。

随着国家"一带一路""雄安新区""特色小镇""海绵城市"等政策的带动，

我国各地基础设施建设将不断加大，同时伴随着绿色建材、绿色建筑、绿色工厂、建筑节能、海绵城市、装配式建筑、美丽乡村的深入推广，新型绿色墙材的市场需求也必将进一步增加，利用固体废物制作的透水砖、路面砖、免烧砖、蒸压砌块、石膏砌块、泡沫陶瓷、仿古砖、景观砖、文化工艺品、雕刻品、防水防腐防火保温一体化的装配式墙材、屋面等产品也将大有可为。目前，这些产品的应用主要受市场运输半径和传统天然石材产品的竞争限制。未来，随着政府和社会认知的转变，"禁实限粘"等相关限制性政策和引导资源转换政策的深入实施，货运线路资源输送保障能力建设的加强，产品标准等相关政策的完善，互联网大数据的运用，天然原料制备的墙材产品将逐步为固体废物综合利用产品腾出市场空间，利用固体废弃物制备绿色墙材潜力巨大。

参 考 文 献

[1] 杜祥琬. 固废资源化利用是高质量发展的要素 [J]. 人民论坛, 2022, (9): 6~8.

[2] 任可飘, 佘雪峰. 固废处理与人类社会可持续发展 [J]. 金属世界, 2022, (2): 72~76.

[3] 李杨, 欧宸邑. 双碳背景下大宗固废资源化利用发展对策研究 [J]. 江西建材, 2022, (5): 5~8.

[4] 中国工业固废网. 2016 年度中国大宗工业固废综合利用产业发展报告 [R]. [S. l.: s. n.], 2016.

[5] 邓婵娟, 秦利, 刘珍. 关于固废综合利用中危险废物处理现状分析及对策 [J]. 环境与发展, 2020, 32 (7): 58~59.

[6] 王毅, 孟小燕, 程多威. 关于固体废物污染环境防治法修改的研究思考 [J]. 中国环境管理, 2019, 11 (6): 90~94.

[7] 陈旻罡. 城市固体废物污染现状、处置机制及对策 [J]. 中国资源综合利用, 2018, 36 (12): 150~152.

[8] 刘本甫, 盖建功. 我国工业固废现状及综合利用建议 [J]. 中国资源综合利用, 2018, 36 (6): 92~93.

[9] 乔燕, 邵筠娅. 探索城市工业固废规范化管理对策 [J]. 环境与发展, 2016, 28 (1): 118~121.

[10] 陈宋璇, 王云, 吕东, 等. 京津冀工农城固废处置现状及协同利用技术发展趋势 [J]. 中国有色冶金, 2020, 49 (6): 20~25.

[11] 李明. 我国工业固废处理中存在的问题及应对策略 [J]. 皮革制作与环保科技, 2020, 8 (8): 42~44.

[12] 伏立勇. 简述我国工业固废处理中存在的问题及对策 [J]. 化工管理, 2019 (27): 60~61.

[13] 曾小庆. 简述我国工业固废处理中存在的问题及对策 [J]. 化工管理, 2017, 32 (467): 236.

[14] 赵娜, 赵柯蘅. 工业固体废弃物资源综合利用技术现状解析 [J]. 中国资源综合利用,

2019 (6)：58～60.

[15] 张超，刘虎 . 工业固体废物资源综合利用现状及展望 [J]. 消费导刊，2018 (35)：89.

[16] 玉涵 . 固体废物的资源化和综合利用分析 [J]. 中国资源综合利用，2019 (5)：105～106.

[17] 高秉仕，甘海林，王贵忠，等 . 关于工业固体废物综合利用的探讨 [J]. 环境与发展，2020，32 (1)：81～82.

[18] 冯敏 . 有色冶金工业固体废物综合利用技术概述 [J]. 科学与信息化，2020，(32)：71.

[19] 黄丽琴 . 上海工业固废综合利用企业土地利用现状及静脉产业园建设选址研究 [J]. 上海国土资源，2020，41 (4)：34～39.

[20] 魏浩杰，于皓，彭犇，等 . 我国大宗工业固废综合利用发展状况分析 [J]. 中国资源综合利用，2019，37 (11)：56～58.

[21] 别亮亮 . 固体废物的资源化和综合利用技术分析 [J]. 科技创新与应用，2020，(12)：142～143.

[22] 王黎波 . 我国固体废物处理与资源化利用 [J]. 房地产导刊，2019，(6)：226.

[23] 席北斗，刘东明，李鸣晓，等 . 我国固废资源化的技术及创新发展 [J]. 环境保护，2017，45 (20)：16～19.

[24] 刘建勋 . 我国固废处理行业市场现状与发展趋势分析 [J]. 资源再生，2019，(5)：34～36.

[25] 王涛 . 我国固体废物标准体系现状及标准化工作建议 [J]. 中国标准化，2018，531 (19)：123～127.

2　建筑垃圾蒸养砖制备技术

建筑垃圾一般是指施工、建设单位或个人对各种构筑物、建筑物等进行拆除、扩建、新建、修缮及居民装修装饰房屋过程中所产生的废砖瓦、废混凝土、泥浆、废砂浆及其他废弃物。随着我国城市建设的快速发展，各种建筑物和构筑物的拆除、改造、新建、扩建以及房屋装修装饰过程中产生了大量的建筑垃圾。建筑垃圾一般分为拆除垃圾、装修垃圾、工程渣土、工程垃圾、工程泥浆5类。其中，工程渣土和工程泥浆多源于施工现场，目前采用直接循环利用和填埋为主的处理方式。除去上述两类建筑垃圾，2020年我国建筑垃圾总产量超过30亿吨，其中拆除垃圾约占45%、工程垃圾约占30%、装修垃圾约占25%。据2020年相关统计数据显示，我国建筑垃圾堆存总量已达200亿吨，仅2019年就新增35亿吨，可以说，我国建筑垃圾还处在快速发展时期。而与此同时，我国建筑垃圾资源化严重滞后，有报告分析指出，截至2020年我国已建成投产和在建的建筑垃圾年处置能力在100万吨以上的生产线仅有70条左右，小规模处置企业有几百家，总资源利用量不足1亿吨，建筑垃圾总体资源化率不足10%，远低于发达国家90%的资源化利用率。参考前瞻产业研究院《中国建筑垃圾处理行业市场调研与投资预测分析报告》，大规模的历史遗留危旧住房及简易棚户屋将在"十四五"期间完成拆除，保守预计2021～2026年我国建筑拆除面积将保持5%的低速增长，"十四五"末期建筑垃圾年产量有望突破40亿吨。

在"碳达峰、碳中和"战略的推进下，我国建筑垃圾资源化的前行思路更加清晰，目标更加明确。2021年，由中共中央、全国人大、国务院及相关部委颁发了一系列相关法规与政策，明确了一条贯穿始终的绿色低碳主线。

2020年5月，住房和城乡建设部印发的《住房和城乡建设部关于推进建筑垃圾减量化的指导意见》明确规定：各地区建筑垃圾减量化工作机制需在2020年年底前初步建立；到2025年年底，各地区建筑垃圾减量化工作机制需进一步完善，实现新建建筑施工现场建筑垃圾（不包括工程渣土、工程泥浆）排放量每万平方米不高于300t、装配式建筑施工现场建筑垃圾（不包括工程渣土、工程泥浆）排放量每万平方米不高于200t。

2019年北京市建筑垃圾存量摸排结果表明全市建筑垃圾分布571个点位，共计3695.76万吨，根据相关规定要求这些垃圾在2019年8月前清理完毕。2020年7月发布《北京市建筑垃圾处置管理规定》，主要内容为构建北京市建筑垃圾管理及处置统筹规划、属地负责，政府主导、社会主责，分类处置、全程监管的管理体系。2020 年 10 月 1 日起《北京市建筑垃圾处置管理规定》（北京市人民政府令第 293 号）正式施行，主要为加强建筑垃圾管理，保护和改善生态环境，促进循环经济发展。

2018 年上海市发布《上海市建筑废弃混凝土回收利用管理办法》，定义建筑废弃混凝土为房屋建筑和交通基础设施新建、改建、扩建及大中修工程产生的废弃水泥混凝土。要求再生处理企业入场处理率 100%，利用率不得低于 95%。明确再生产品强制使用办法：C25 及以下强度混凝土再生骨料取代率不得低于15%；交通基础设施结构部位再生骨料取代率不得低于 30%。明确再生产品鼓励使用方案：C25 以上强度等级混凝土、预拌砂浆、墙体材料；海绵城市、绿色公路及滩涂整治工程。2020 年发布《关于进一步深化建筑垃圾管理领域专项治理的通知》，指出上海规划建设 12 座装修垃圾和拆房垃圾集中资源化利用设施。

2021 年，河南省首部规范城市建筑垃圾管理的地方性法规《许昌市城市建筑垃圾管理条例》正式施行，为"无废城市"试点和资源化利用提供了强有力的政策支持。河南省在建筑垃圾减量化和资源化管理方面进行技术性探索，充分利用大数据、物联网、人工智能等现代技术手段建立了综合信息化平台，对建筑垃圾产生与需求信息、处理信息等方面进行动态管理，并及时向社会公开，积极促进建筑垃圾全过程管控和信息化追溯。2020 年，许昌市城区建筑垃圾总量为291.2 万吨，综合处置率大于 98%，在建筑垃圾资源化利用方面成效显著，为建筑垃圾管理在全省甚至全国推广提供参考。

"绿水青山就是金山银山"，为保护生态环境，实现建筑垃圾再利用、构建和谐美好生活环境，党的十九大报告指出，要"建立健全绿色低碳循环发展的经济体系，加强固体废弃物和垃圾处置"，建筑垃圾的资源化受到广泛关注。

2.1　建筑垃圾资源化现状

2.1.1　国内现状

国内研究者针对建筑垃圾的物理活性、组成成分、结构特征等性质以及在混凝土、砂浆、保温砌块等方面的应用等做了大量的研究。建筑垃圾中废砖瓦、废混凝土、废砂浆占绝大部分，并且再利用的技术难度较高，目前国内主要的利用途径是制备再生骨料。杨子胜等将建筑垃圾各部位（梁、板和柱）按质量比 1：1：1 配制成建筑垃圾混合砂，并按一定的比例替代天然砂后测试其表观密度、空隙率，与胶凝材料和添加剂混合制备自流平地坪砂浆并测其性能，最大掺量能达到 50%，且各项性能良好。刘俊华等研究利用废弃混凝土、废弃黏土砖制备的再生混合砂对混凝土抗压强度等性能的影响，指出建筑垃圾再生混合砂可以部分替代天然砂配制混凝土。林丽娟等利用废弃混凝土、陶粒等为骨料与水泥、粉煤灰、减水剂等制成轻质自保温砌块，具有质轻、造价低、耐磨性高、耐火性高和保温隔热等特点，能够满足寒冷地区节能标准的要求。但是其中废弃混凝土用量仅为20%，粉煤灰用量仅为25%，且仅适用于寒冷地区有保温节能需求的建筑。

万莹莹等针对建筑垃圾中的废砖废瓦及混凝土砂浆块等作为蒸压粉煤灰砖的骨料进行了研究，研究指出建筑垃圾中的废弃砖瓦可作为骨料生产蒸压粉煤灰砖，最大掺量为40%。文中指出，蒸气压力越大、蒸养时间越长，蒸压砖的性能越好。一般蒸压制度包括最高蒸气压力、升温速度、恒温时间、降温速度等几个指标。一般情况下，恒温时的蒸气压力越高，蒸压周期越长，制品的强度越高。然而生产周期过长，将会增加产品的生产成本，因此存在一个最佳的蒸压制度。

曹素改等针对经过分选、破碎和筛分处理的建筑垃圾作为再生骨料与水泥、防冻剂等制备具有优良防冻性能的标准砖，强度等级能达到MU15.0。谢静静等研究了再生细骨料对砌块强度的影响，研究结果表明取代率在40%~70%时，砌块的强度下降较快，大于70%时砌块的强度继续下降；在取代率小于40%时，再生混凝土的强度得到有效的保证，再生细骨料可取代一定量的细骨料。许元的研究指出再生细骨料可取代细骨料，取代率在30%~60%时，再生细骨料制备的砌块抗压强度没有太大的变化；取代率超过60%时，再生砌块的抗压强度快速下降。另外国内研究者们对于再生混凝土的徐变、抗渗、耐磨性能、碱集料反应以及抗硫酸盐侵蚀均进行了大量的研究，取得了较好的成果，并且得到了很好运用。

通过各位学者的研究成果不难发现，对建筑垃圾微粉的化学分析及XRD分析说明磨细废砖粉和废混凝土粉具有一定的反应活性，但是建筑垃圾微粉的应用数量极低，基本上掺量小于20%。因此有效处理建筑垃圾微粉，提高建筑垃圾微粉的利用率，有继续研究的价值。

2.2.2　国外现状

日本、美国等工业发达国家对建筑垃圾及其回收再利用比我国要早许多。日本政府于1977年制定了《再生骨料和再生混凝土使用规范》，为建筑垃圾处理提供了技术支持。美国采用现场再生技术或集料厂再生技术对路面重建项目中现有水泥混凝土路面材料进行再生利用，全境二十多个州在公路施工中利用了建筑垃圾。

G.C.Lee针对再生混凝土骨料与水泥石间的界面过渡区进行了研究，认为在压力荷载作用下的再生混凝土，骨料产生裂缝，裂纹较大并具有贯穿性；在再生混凝土中无论是新界面过渡区还是老界面过渡区的显微硬度均降低，老界面比新界面的显微硬度降低约41%。

Sami. W. Tabsh 研究了再生骨料对再生混凝土力学性能的影响，指出再生混凝土的综合利用能有效保护自然资源，减少堆积填埋面积；再生骨料混凝土的力学性能较差，相对于标准混凝土其强度降低 10% ~ 25%。

Khaleel. H. Younis 研究了再生混凝土的改性方法，利用各种活性及非活性的物质对再生骨料表面进行改性处理，再生骨料的密度提高对混凝土的强度有促进作用，密度提高 8% 相对混凝土强度提高 10%。

P. Pereira 研究了减水剂对再生细骨料混凝土试样的力学性能影响，研究表明建筑垃圾细集料的掺入使得再生混凝土的力学性能降低；减水剂的掺入对再生混凝土的性能无太大影响，相对标准混凝土试样，减水剂的掺入与否混凝土的劈拉强度和弹性模量降低。

Kypros Pilakoutas 研究了再生混凝土的制备工艺，分别对建筑垃圾再生骨料的吸水率与龄期、粒径的关系进行分析，研究表明随着建筑垃圾再生骨料粒径的减小其吸水率不断提高。

综上所述，建筑垃圾预处理后可以作为粗细集料取代天然砂石配制混凝土，且已经取得了不错的成果，但仍存在一些亟待解决的问题：（1）对于建筑垃圾中 0.15mm 以下微粉的研究应用较少，马郁等研究指出建筑垃圾微粉具有一定活性，如何利用建筑垃圾微粉的潜在活性至关重要；（2）建筑垃圾作为再生粗细集料，只是取代混凝土中的部分天然砂石，建筑垃圾整体利用率较低；（3）建筑垃圾在其他建材制品中的利用较少。

利用建筑垃圾制备蒸养砖生产工艺简单，易于控制，且能够保证产品的质量，是一种较为理想的新型可持续发展墙体材料。建筑垃圾蒸养砖的主要原料是废弃混凝土、废弃砖等建筑垃圾，对其进行应用可节约土地资源，治理建筑垃圾堆放问题。通过生产高质量的蒸养砖来创造经济价值，具有广阔的发展前景和良好的社会经济效益。

2.2　建筑垃圾的基本特性

对建筑垃圾进行破碎、筛分处理，粒径小于 0.15mm 的为建筑垃圾微粉，粒径 0.15 ~ 4.75mm 的为建筑垃圾再生砂，粒径大于 4.75mm 的用于其他建筑材料。本书主要研究建筑垃圾微粉和建筑垃圾再生砂在绿色墙材中的应用。

2.2.1　建筑垃圾微粉的粒度分布和细度

参照《水泥细度检验方法》（GB/T 1345—2005）对建筑垃圾微粉进行细度试

验，80μm 方孔筛筛余百分率为 12.5%。采用 LS-900 激光粒度分析仪对建筑垃圾
微粉的粒度分布进行分析，结果如图 2.1 所示。建筑垃圾微粉粒径特征参数为：
$D_{10}=0.13\mu m$，$D_{25}=0.17\mu m$，$D_{50}=8.53\mu m$，$D_{75}=27.08\mu m$，$D_{90}=47.95\mu m$。

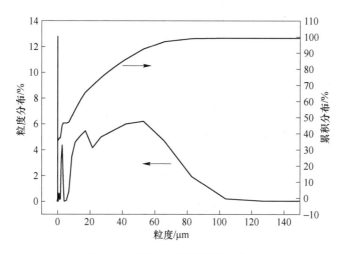

图 2.1　建筑垃圾微粉的粒度分布

2.2.2　建筑垃圾微粉的化学成分

建筑垃圾微粉的化学成分采用 Primus Ⅱ X 射线荧光光谱仪进行分析，检测结
果如表 2.1 所示。建筑垃圾微粉主要含有硅、钙、铝等元素，另含有少量的钠、
钾等。

表 2.1　建筑垃圾微粉的化学成分

成　分	SiO_2	CaO	Al_2O_3	Fe_2O_3	MgO	K_2O	SO_3	Na_2O	TiO_2
含量(质量分数)/%	48.14	23.90	13.84	5.32	3.17	2.43	1.33	1.12	0.76

2.2.3　建筑垃圾微粉的物相组成

建筑垃圾微粉的物相组成采用 X Pert PRO MPD X 射线衍射仪（电流 40mA，
管电压 40kV，Cu 靶）进行分析，结果如图 2.2 所示。由图 2.2 可知微粉中含有
较多的 SiO_2 及 $CaCO_3$ 和 C-S-H 物相，主要是混凝土中的砂石、水泥水化产物在
破碎粉磨中产生的。

2.2.4　建筑垃圾微粉的差热－热重分析

采用 STA449F3 同步热分析仪对建筑垃圾微粉进行热分析，结果如图 2.3 所
示。建筑垃圾微粉在 1000℃下主要有两个失重过程：在 145℃，质量损失为

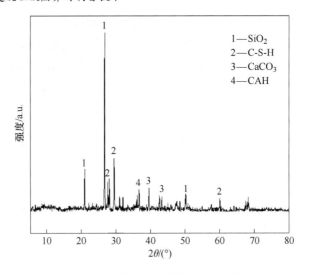

图 2.2 建筑垃圾微粉的 XRD 图谱

0.99%；在 720℃时质量损失已基本结束，约 10.85%。在 145℃之前主要是建筑垃圾微粉含有的游离水逐渐蒸发，在 600～720℃时重量急剧降低，主要是废弃混凝土中水化产物的脱水以及碳酸盐的分解。

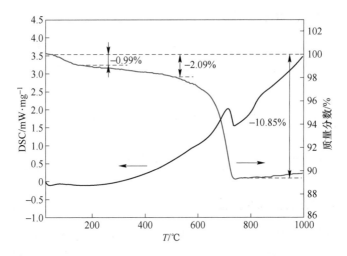

图 2.3 建筑垃圾微粉差热 – 热重曲线

2.2.5 建筑垃圾微粉的形貌分析

采用 FEI QUANTA 450 扫面电子显微镜（电压 25kV）对建筑垃圾微粉的表面形貌进行观察，结果如图 2.4 所示。可以看出，建筑垃圾微粉粒度不均、形状各异、表面粗糙不平、疏松多孔，这种结构有利于其活性的激发。

图2.4 建筑垃圾微粉的 SEM 图

2.3 建筑垃圾的活性激发及其制备蒸养砖

近些年，建筑垃圾微粉的活性激发也有相关研究，所用的激发方式为化学激发和物理激发。化学激发是通过添加化学激发剂，破坏建筑垃圾微粉原有的网络结构，从而提高其活性。李琴等通过检测不同激发剂作用下建筑垃圾再生微粉砂浆的抗压强度，得到 $CaCl_2$ 对再生微粉有较好的激发效果。物理激发是直接对建筑垃圾进行机械粉磨，通过增大其比表面积提高活性。吴姝娴等通过研究发现建筑垃圾的粒度越细，比表面积越大，其活性就越大。添加一定量的 $Ca(OH)_2$、Na_2SO_4、$CaCl_2$ 为激发剂，激发建筑垃圾微粉的活性，通过检测蒸养砖的强度来评价不同激发剂的激发效果，最后对所制备蒸养砖的强度、干燥收缩、抗冻、碳化等性能进行研究。

2.3.1 蒸养砖的制备

实验所用水泥为河南大地水泥厂42.5普通硅酸盐水泥，$Ca(OH)_2$、Na_2SO_4、$CaCl_2$ 三种激发剂均为分析纯试剂。

按表2.2进行配料，加水量为微粉、再生砂和水泥总质量的14%，激发剂掺量为微粉质量的0~4.5%。原料在强制式搅拌机中搅拌混合5min，倒入模具中在压力机上压制成型，加荷速率为0.1MPa/s，成型压力为15MPa，成型尺寸为240mm×115mm×53mm，保压3min。成型之后的砖坯放入蒸压釜中180℃蒸养16h，然后在自然条件下养护1d检测其强度、抗冻、收缩等性能指标。工艺流程如图2.5所示。

表 2.2　蒸养砖的配比（质量分数）

组号	微粉与再生砂掺量	水泥掺量/%	激发剂种类	激发剂掺量/%
A0	60%微粉-40%再生砂	—	—	0
A1	60%微粉-40%再生砂	—	$Ca(OH)_2$	2.5
A2	60%微粉-40%再生砂	—	$Ca(OH)_2$	3
A3	60%微粉-40%再生砂	—	$Ca(OH)_2$	3.5
A4	60%微粉-40%再生砂	—	Na_2SO_4	2.5
A5	60%微粉-40%再生砂	—	Na_2SO_4	3
A6	60%微粉-40%再生砂	—	Na_2SO_4	3.5
A7	60%微粉-40%再生砂	—	$CaCl_2$	2.5
A8	60%微粉-40%再生砂	—	$CaCl_2$	3
A9	60%微粉-40%再生砂	—	$CaCl_2$	3.5
B0	50%微粉-40%再生砂	10	—	0
B1	50%微粉-40%再生砂	10	$Ca(OH)_2$	3
B2	50%微粉-40%再生砂	10	$Ca(OH)_2$	3.5
B3	50%微粉-40%再生砂	10	$Ca(OH)_2$	4
B4	50%微粉-40%再生砂	10	$Ca(OH)_2$	4.5

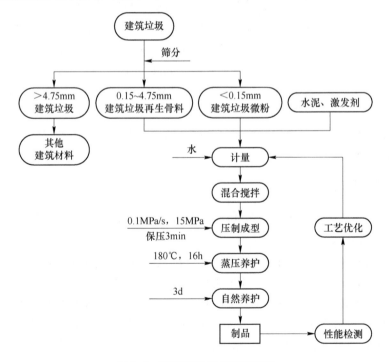

图 2.5　蒸养砖的制备工艺流程

　　将原料按照配方精确称量后加入强制式搅拌机中搅拌混合，观察其混合效果，混合料颜色均一、无明显分层、无颗粒结块。把称量好的水和激发剂加入物料中继续混合，无黏聚、成球现象。将搅拌好的物料倒入模具中，分两层加压，第一次加压至标准高度的 3/2 保压 1min，第二次加载至标准高度，保压 2min。将砖坯侧立摆放在蒸压釜中，砖坯间距不小于 20mm，摆放时应尽量避免因摩擦、碰撞而导致的缺棱掉角。加热至设定温度后进行保温，自然降温至小于 50℃ 时开釜取出蒸养砖。

2.3.2　蒸养砖的性能检测

2.3.2.1　尺寸及外观质量检测

A　尺寸的检查

砖的长度分别测量两个大面中间处的两个尺寸；砖的宽度分别测量两个大面中间处的两个尺寸；砖的高度分别测量两个侧面的中间处的两个尺寸。测量时应避开凸出或凹陷，测量时游标卡尺紧贴砖表面并且垂直于测试面。读数精确至 0.5mm。以每个尺寸方向两个测量值的算数平均值来表示尺寸测量结果，精确至 1mm。

B　外观质量检测

外观质量主要是检测砖是否出现裂纹、掉角、崩边等现象。裂纹可通过用钢尺测量单位长度裂纹数量和宽度；掉角、崩边可通过观察记录。

C　评定标准

蒸养砖外观质量和尺寸评定标准按照《蒸压粉煤灰砖》(JC/T 239—2014) 进行。

2.3.2.2　抗折强度检测

砖试件在蒸压养护结束后在自然环境下放置三天，进行抗折强度试验。试验方法如下。

（1）测量表面无明水的试样的宽度和高度，测两次取算数平均值，精确至 1mm。

（2）将抗折夹具下支辊的跨距调整至 200mm。

（3）大面朝上将试样平放至下压辊上，加荷速度为 50～150N/s，直至试样抗折破坏，最大破坏荷载为 p。

（4）结果计算与评定。计算每块试样的抗折强度（R_c），精确至 0.01MPa：

$$R_c = \frac{3pL}{2BH^2} \tag{2.1}$$

式中，R_c 为抗折强度，MPa；p 为最大破坏荷载，N；L 为跨距，mm；B 为试样宽度，mm；H 为试样高度，mm。

以算数平均值表示其抗折强度，精确至 0.01MPa。

2.3.2.3 抗压强度试验

将从中间断开的砖体试样以切断口相反的方式叠放，叠合部分不得小于 100mm。试验方法如下。

（1）分别测量待测试样的长和宽，测两次取其平均值，精确至 1mm。

（2）将待测试样放置在加压板的中央，调整上压头使其紧挨砖体受压面，启动压力试验机，在加荷速度为 4kN/s 下保持持续加荷，直至试样破坏，最大破坏荷载为 p。

（3）结果计算与评定。建筑垃圾微粉砖试样的抗压强度（R_p）计算如式（2.2）所示，精确至 0.01MPa。

$$R_p = \frac{p}{LB} \tag{2.2}$$

式中，R_p 为抗压强度，MPa；p 为最大破坏荷载，N；L 为受压面（连接面）的长度，mm；B 为受压面（连接面）的宽度，mm。

以算术平均值作为建筑垃圾微粉砖的抗压强度值，精确至 0.1MPa。

2.3.2.4 蒸养砖强度等级评定

蒸养砖强度等级评定标准按照《蒸压粉煤灰砖》（JC/T 239—2014）进行。

2.3.2.5 体积密度试验

（1）对待测试件的表面进行清理，在（105±5）℃的鼓风干燥箱中干燥至恒重，称其质量 G_0，并检查其外观情况。

（2）待试样干燥后分别测量其长、宽、高的尺寸并计算平均值。

（3）计算每块试件的体积密度，精确至 0.1kg/m³。

$$\rho = \frac{G_0}{LBH} \times 10^9 \tag{2.3}$$

式中，ρ 为体积密度，kg/m³；G_0 为试样干质量，kg；L 为试样长度，mm；B 为试样宽度，mm；H 为试样高度，mm。

以算术平均值来表示蒸压砖的体积密度，精确至 1kg/m³。

2.3.2.6 吸水率试验

（1）对试样的表面进行清理，在（105±5）℃的鼓风干燥箱中干燥 24h，取出试样冷却至常温，称其干质量 G_0。

（2）将干燥试样浸泡 24h，水温为 10~30℃。

（3）将试样取出，将表面的水分拭去，称其质量，此为浸泡 24h 的湿质量 G_{24}。

（4）将湿试样侧立放置在蒸煮箱的箅子板上，相对距离不得小于 10mm，将清水注入到蒸煮箱，水面距离砖体表面不低于 50mm，加热水至沸腾，分别煮沸 3h 和 5h，停止加热自然冷却至常温。

（5）称量煮沸 3h 和 5h 的湿质量 G_3 和 G_5；

（6）计算常温水浸泡 24h 试样吸水率（W_{24}），精确至 0.1%；

$$W_{24} = \frac{G_{24} - G_0}{G_0} \times 100\% \qquad (2.4)$$

式中，W_{24} 为常温水浸泡 24h 试样吸水率，%；G_0 为试样干质量，g；G_{24} 为试样浸泡 24h 的湿质量，g。

（7）计算试样沸煮 3h 吸水率（W_3），精确至 0.1%；

$$W_3 = \frac{G_3 - G_0}{G_0} \times 100\% \qquad (2.5)$$

式中，W_3 为试样沸煮 3h 吸水率，%；G_3 为试样沸煮 3h 的质量，g；G_0 为试样干质量，g。

2.3.2.7　冻融试验

（1）对试样表面进行清理，在(105 ± 5)℃的鼓风干燥箱中干燥至恒重，称干质量 G_0，检测其外观，标记缺棱掉角和裂纹。

（2）将试样在 10 ~ 20℃的水中浸泡 24h，取出用拧干的湿布擦去表面的明水，并侧向立放在 −15℃ 以下的冷冻箱中；两侧面的距离不小于 20mm。

（3）冰冻 5h；取出试件放入 10 ~ 20℃ 的水中融化，时间不小于 3h。此为一次冻融循环完成。

（4）每 5 次冻融循环，检查一次外观情况，有无缺棱掉角。

（5）持续 15 次冻融循环后，检查并记录试样的外观质量。

（6）将循环 15 次后的试样放入鼓风干燥箱中，并浸水 24h 后进行抗压强度试验。

（7）计算强度损失率（P_m），精确至 0.1%。

$$P_m = \frac{P_0 - P_1}{P_0} \times 100\% \qquad (2.6)$$

式中，P_m 为强度损失率，%；P_0 为试样抗冻前强度，MPa；P_1 为试样抗冻后强度，MPa。

（8）计算质量损失率（G_m），精确至 0.1%。

$$G_m = \frac{G_0 - G_1}{G_0} \times 100\% \qquad (2.7)$$

式中，G_m 为质量损失率，%；G_0 为试样抗冻前干质量，g；G_1 为试样抗冻后干质量，g。

2.3.2.8　碳化试验

（1）将试样在室内放置 7d，然后放入碳化箱内进行碳化，试件间隔不得小于 20mm。

（2）从碳化试验开始，三天后每天将试样取出做局部抗劈裂，并用 1% 酚酞乙醇溶液检查碳化程度。

（3）将直至全部碳化或碳化28d的试样取出在室内放置24～36h后进行强度试验。

（4）结果计算与评定。计算碳化系数（K_c），精确至0.01。

$$K_c = \frac{R_c}{R_0} \tag{2.8}$$

式中，K_c 为碳化系数；R_c 为人工碳化抗压强度，MPa；R_0 为对比砖的抗压强度，MPa。

以其算数平均值来表示建筑垃圾微粉砖人工碳化抗压强度，精确至0.1MPa。

2.3.2.9　干燥收缩试验

（1）将放置1d的试件浸入温度为(20±1)℃的恒温水槽中，水面高出试件上表面20mm，保持4d。

（2）取出试样，拭去其表面水分，测量其长度。

（3）将待测试样放入(50±1)℃鼓风干燥箱中进行干燥。

（4）每隔1d取出试件测长度一次。

（5）按步骤（3）和（4）反复进行试验，直至试样两次测长读数差在0.01mm范围内时，停止试验，以最后测量的数据的平均值作为干燥长度。

（6）结果计算与评定。计算干燥收缩值（S）：

$$S = \frac{L_1 - L_2}{L_1} \times 1000 \tag{2.9}$$

式中，S 为干燥收缩值，mm/m；L_1 为试样初始长度，mm；L_2 为试样干燥后的长度，mm。

2.3.2.10　泛霜试验

（1）对试样的表面进行清理，放置在(105±5)℃鼓风干燥箱中干燥24h，取出试样冷却至常温。

（2）将试样放置在容器中注入蒸馏水，水面距离试件上表面不低于20mm，记录时间。

（3）浸泡时间为7d，浸泡过程中确保试样浸泡在水中，试验在16～32℃，相对湿度35%～60%的环境中进行。

（4）将浸泡7d试样取出放置4d，用(105±5)℃的鼓风干燥箱中干燥至恒重，取出试样在室温中冷却至常温，观察干燥后的泛霜程度。

（5）7d后每天一次记录泛霜情况。

2.3.2.11　软化系数

（1）将试样浸泡在温度为(20±5)℃的水中，且水面高出试样20mm，浸泡时间为4d，取出放置在铁丝架上滴水1min，用拧干的湿布将表面的明水擦去，此为饱和面干状态试样。

（2）将试样放置在不低于10℃不通风的室内72h，即为气干状态试样。

（3）对试样进行抗压强度试验：

$$K_f = \frac{R_f}{R_0} \tag{2.10}$$

式中，K_f为软化系数；R_f为软化后抗压强度平均值，MPa；R_0为试样的抗压强度平均值，MPa。

2.3.3 实验结果与分析

2.3.3.1 强度

采用建筑垃圾微粉、再生砂、水泥为原料，按照工艺流程制备蒸养标准砖。试样强度测试结果如表2.3所示。不添加水泥和激发剂的A0组试样蒸养后强度极低，易碎，无法检测出强度。从表2.3可以看出：（1）在掺量为0~3.5%（质量分数）时，$Ca(OH)_2$、Na_2SO_4、$CaCl_2$三种激发剂均能提高蒸养砖的强度，蒸养砖的强度随着激发剂掺量的增加逐渐增大，这说明激发剂掺量不足时，建筑垃圾微粉的活性没有得到充分激发，蒸养砖内胶凝物质较少，强度较低；相对而言，$Ca(OH)_2$是较优的激发剂。（2）以$Ca(OH)_2$为激发剂，掺入10%（质量分数）的水泥，按照本实验的工艺流程，所有方案试样均能满足《蒸压粉煤灰砖》（JC/T 239—2014）中MU15等级要求，建筑垃圾利用率高达90%；蒸养砖的强度随着激发剂掺量的增加逐渐提高随后又略有下降，$Ca(OH)_2$掺量为4%（质量分数）时，强度达到最大值19.3MPa。这可能是因为水泥水化反应会产生$Ca(OH)_2$，当体系中$Ca(OH)_2$过量时，发生了碱骨料反应，导致强度降低。

表2.3　蒸养砖的强度

组号	微粉与再生砂掺量（质量分数）	水泥掺量（质量分数)/%	激发剂种类	激发剂掺量/%	抗压强度/MPa	抗折强度/MPa
A0	60%微粉-40%再生砂	—		0	—	—
A1	60%微粉-40%再生砂	—	$Ca(OH)_2$	2.5	4.8	1.5
A2	60%微粉-40%再生砂	—	$Ca(OH)_2$	3	5.1	1.7
A3	60%微粉-40%再生砂	—	$Ca(OH)_2$	3.5	5.6	1.8
A4	60%微粉-40%再生砂	—	Na_2SO_4	2.5	2.2	0.5
A5	60%微粉-40%再生砂	—	Na_2SO_4	3	2.5	0.6
A6	60%微粉-40%再生砂	—	Na_2SO_4	3.5	2.4	0.6
A7	60%微粉-40%再生砂	—	$CaCl_2$	2.5	3.3	0.8
A8	60%微粉-40%再生砂	—	$CaCl_2$	3	3.5	0.7
A9	60%微粉-40%再生砂	—	$CaCl_2$	3.5	3.8	1.1
B0	50%微粉-40%再生砂	10	—	0	14.8	3.2

组号	微粉与再生砂掺量 （质量分数）	水泥掺量 （质量分数）/%	激发剂种类	激发剂掺量 /%	抗压强度 /MPa	抗折强度 /MPa
B1	50% 微粉-40% 再生砂	10	Ca(OH)₂	3	17.6	3.8
B2	50% 微粉-40% 再生砂	10	Ca(OH)₂	3.5	18.4	4.1
B3	50% 微粉-40% 再生砂	10	Ca(OH)₂	4	19.3	4.1
B4	50% 微粉-40% 再生砂	10	Ca(OH)₂	4.5	18.6	4.2

2.3.3.2　干燥收缩、抗冻、碳化、吸水性能评价

按照《蒸压粉煤灰砖》(JC/T 239—2014) 标准对 B0、B1、B2、B3、B4 试样进行干燥收缩、抗冻性、碳化、吸水性能实验，结果如表 2.4 所示。

表 2.4　蒸养砖的干燥收缩、抗冻、碳化、吸水性能

项目	强　　度				抗　冻　性		碳化系数 /K_c	干燥收缩 /mm·m⁻¹	吸水率 /%
	抗压强度/MPa		抗折强度/MPa		抗压强度损失/%	质量损失/%			
	平均值 （≥）	单块值 （≥）	平均值 （≥）	单块值 （≥）	≤	≤			
国标值	15.0	12.0	3.7	3.0	25	5	≥0.85	≤0.5	≤20
B0	14.8	12.6	3.2	2.7	16.0	1.5	0.88	≤0.45	18
B1	17.6	14.3	3.8	3.5	14.2	1.2	0.88	≤0.45	16
B2	18.4	15.1	4.1	3.6	12.7	0.8	0.86	≤0.44	17
B3	19.3	14.8	4.1	3.5	12.9	0.8	0.87	≤0.42	15
B4	18.6	14.6	4.2	3.6	14.2	1.1	0.86	≤0.42	15

由表 2.4 可以看出，B1、B2、B3、B4 蒸养砖的干燥收缩、抗冻、碳化、吸水性能均满足《蒸压粉煤灰砖》(JC/T 239—2014) 中 MU15 等级的对应指标要求。

2.3.4　强度来源机理

利用建筑垃圾、水泥等原料所制备蒸养砖的强度主要来自以下两个方面。

（1）在模压成型过程中的物理作用。

1）成型过程中，在机械压力的作用下，不同粒径的建筑垃圾互相靠拢，空隙率减少，堆积密度增大，形成初期骨架结构，这是砖坯初期强度的来源。成型时保压 3min，有利于排出砖坯中的空气，提高其致密度，还可以防止坯体在蒸养前出现体积反弹或层裂现象。

2）混料时加入的水，真正参与水化反应的占很少一部分，多余的水分不利

于蒸养砖的最终强度，所以在保证成型要求的情况下，加水量越低越好，以提高蒸养砖的强度。本实验成型时，加荷速率为 $0.1MPa/s$，成型压力为 $20MPa$，加水量较低，仅为 14%，有利于强度的提高。

3）原料中配有一定量的建筑垃圾再生砂，这种再生骨料表面较天然砂粗糙，本身存在一定的裂纹，且具有较高的吸水率。掺入的水泥颗粒进入裂纹后发生水化反应，生成胶凝物质，弥补了再生砂本身强度不足的缺点。再生砂较高的吸水率可以吸收浆体中多余的水分，减少了水分蒸发产生的孔隙，有利于蒸养砖强度的提高。

（2）砖坯在蒸养过程中原料之间的化学反应。$Ca(OH)_2$、Na_2SO_4、$CaCl_2$ 三种激发剂均能提高蒸养砖的强度，说明三种激发剂对建筑垃圾均有一定的激发效果。

1）$Ca(OH)_2$ 激发机理。加入 $Ca(OH)_2$，砖坯中液相的碱性提高，导致建筑垃圾微粉表面的 Al_2O_3、SiO_2 键位断裂，原有网络聚合体结构被破坏，形成游离的不饱和活性键，聚合度降低，这种体系更容易与活性组分发生反应，增加如水化硅酸铝和水化硅酸钙等胶凝物质的生成量。另一方面，建筑垃圾微粉中的 SiO_2、$CaCO_3$ 以及沸石类水化产物和 $Ca(OH)_2$ 反应生成 $CaCO_3 \cdot Ca(OH)_2$、$CaSiO_3 \cdot CaCO_3 \cdot Ca(OH)_2 \cdot nH_2O$ 等配合物，这些复盐增加了固体之间的界面，同时也增加了蒸压砖中固相的含量，形成强度较高的骨架作用，有利于水泥石结构的形成，从而有利于强度的发展，达到激发效果。

2）Na_2SO_4 激发机理。Na_2SO_4 与砖坯中的 $Ca(OH)_2$（建筑垃圾本身含有 $Ca(OH)_2$；加入水泥后，水泥水化反应也会产生 $Ca(OH)_2$）反应，生成 $CaSO_4$ 分散在建筑垃圾中，进一步结合体系中的活性 Al_2O_3，最终形成钙矾石，针状钙矾石连结建筑垃圾颗粒，有利于蒸养砖强度发展。另一方面，Na_2SO_4 水解后还可提高砖坯液相的碱度，从而有利于建筑垃圾微粉活性的激发。

3）$CaCl_2$ 激发机理。$CaCl_2$ 首先可以提供生成水化产物所需的 Ca，另有研究表明，$CaCl_2$ 可以与砖坯中的 $Ca(OH)_2$ 反应，形成不溶于水的复盐，进而提高了体系的胶凝活性，达到激发效果。

2.4 建筑垃圾、硅灰/脱硫石膏蒸养砖制备技术

在我国快速城市化建设进程中，建筑的拆建和改造产生了大量的建筑垃圾。建筑垃圾若不做处理，便会被填埋或露天堆放，不仅占用大量的土地，而且建筑垃圾中有害的重金属元素，会污染土壤和地下水，因此建筑垃圾的资源化利用受到广泛关注。各个国家对建筑垃圾的利用率差别很大，总体来看发展中国家利用率很低，发达国家利用率相对较高。"绿水青山就是金山银山"，为保护生态环境，实现建筑垃圾再利用、构建和谐美好生活环境，政府和相关管理部门陆续出

台相应政策和法规，以此促进建筑垃圾的资源化利用。

　　我国房屋建筑材料的 70% 是墙材，其中建筑用砖又占重要地位，以建筑垃圾制备建筑用砖，对实现建筑垃圾资源化和保护环境具有重要意义。由于环境保护和节能降耗的需要，烧结类砖厂多处于停产状态，而混凝土砖质量参差不齐，急需新的高品质砖填补目前的市场空白。目前，可以粒径小于 0.15mm 的建筑垃圾微粉和粒径为 0.15~4.75mm 建筑垃圾再生骨料为主要原料，采用压制成型、蒸汽养护的方法制备高强砖。建筑垃圾得到循环利用，实现了社会、经济与环境效益的和谐统一，具有广阔的应用市场。

2.4.1　建筑垃圾、硅灰/脱硫石膏蒸养砖的制备

2.4.1.1　实验原料

实验所用水泥为河南大地水泥厂 42.5 普通硅酸盐水泥，市售硅灰。

实验所用脱硫石膏为平顶山市某火电厂湿法烟气脱硫所形成的工业副产石膏，化学组成如表 2.5 所示。105℃ 干燥处理 12h 备用。

表 2.5　脱硫石膏化学成分

成　分	SO_3	CaO	SiO_2	Al_2O_3	MgO	TiO_2	Fe_2O_3	K_2O	Na_2O	烧失量
含量（质量分数）/%	38.73	33.23	5.18	2.86	1.24	0.10	0.64	0.21	0.01	20.16

　　图 2.6 是脱硫石膏原料的 XRD 图谱。由图 2.6 和标准图谱 PDF-21-0816、PDF-72-1937 和 PDF-02-0458 对比可知，原料中除 $CaSO_4 \cdot 2H_2O$ 外，还含有一定量的 $CaCO_3$ 和 SiO_2。

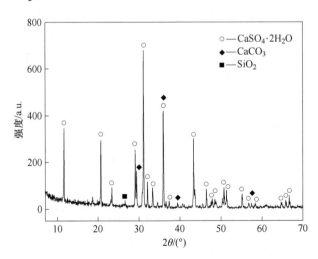

图 2.6　脱硫石膏原料 XRD 图谱

图 2.7 为脱硫石膏原料的 SEM 照片。由图 2.7 可知，原料中颗粒形貌多样，主要有板状、圆饼状、球状和不规则颗粒状。其中，板状颗粒呈较为规则的长方体，颗粒粒径相对较大，一般在 50μm 以上；圆饼状颗粒直径 30 ~ 50μm，厚度约 10μm，粒径分布比较均匀；球状颗粒粒径分布较宽，大颗粒直径约 20μm，小颗粒直径约 2μm，且小颗粒含量较多；不规则颗粒状粒径为 10 ~ 20μm，多为玻璃态物质。

图 2.7　脱硫石膏原料 SEM 照片

图 2.8 为脱硫石膏原料激光粒度分析结果。由图 2.8 可知，脱硫石膏原料粒径分布于 0 ~ 125μm，大部分颗粒集中分布于 10 ~ 100μm，颗粒相对较粗。

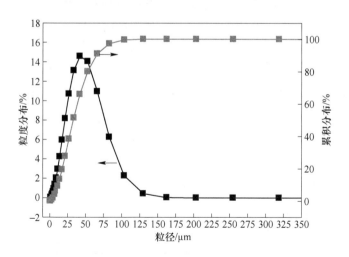

图 2.8　脱硫石膏原料粒度分析

根据石膏的热分解特性，设置脱硫石膏热分析工作参数：最高加热温度为

1000℃，加热速度为10℃/min，采用氮气气氛，其实验结果如图2.9所示。脱硫石膏原料在升温过程中，存在两个明显的失重阶段：一是在400℃以前，其质量损失约18.1%；二是在500～700℃，其质量损失约2.48%。由于湿法脱硫采用石灰石为原料，脱硫石膏原料物相分析结果也表明，其含有少量的石灰石，可以认为：在400℃以前脱硫石膏的失重主要是二水石膏脱水所致；而500～700℃发生的失重，为石灰石分解造成。

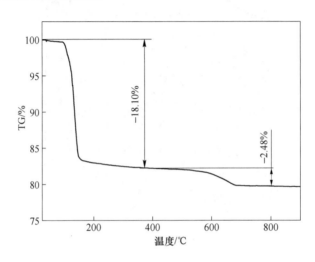

图2.9　脱硫石膏原料 TG 曲线

2.4.1.2　建筑垃圾、硅灰/脱硫石膏蒸养砖的制备工艺

按表2.6进行配料，加入适量的水，在强制式搅拌机中搅拌混合5min。将原料混合均匀倒入模具中在压力机上压制成型，成型压力为15MPa，成型尺寸为240mm×115mm×53mm，保压3min。成型之后的砖坯180℃蒸养16h，然后在自然条件下养护1d，检测相关性能指标。工艺流程如图2.10所示。

表2.6　蒸养砖的配比（质量分数）　　　　　　　　（%）

组号	建筑垃圾微粉	再生骨料	水　泥	硅　灰	脱硫石膏
1	50	40	5	5	—
2	50	35	10	5	—
3	50	30	10	10	—
4	45	30	15	10	—
5	50	40	5	—	5
6	50	35	10	—	5
7	50	30	10	—	10
8	45	30	15	—	10

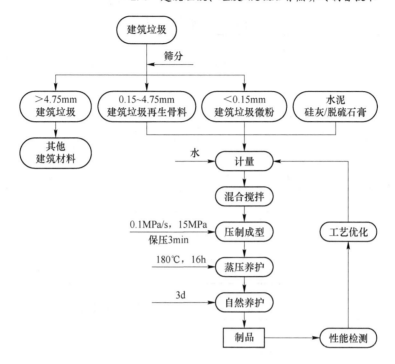

图 2.10 蒸压砖的制备工艺流程

2.4.2 实验结果与分析

2.4.2.1 强度

采用建筑垃圾微粉、再生骨料、水泥、硅灰或脱硫石膏为原料，按照工艺流程进行原料配方优化设计，筛选出蒸养砖强度达到或超过普通黏土砖性能的方案。实验测试结果如表 2.7 所示。从表中可以看出：（1）按照本实验的工艺流程，所有方案均能满足《蒸压粉煤灰砖》（JC/T 239—2014）中 MU15 等级要求，其中第 2、3、4、8 组可满足 MU20 等级要求；（2）随着建筑垃圾掺量的减少蒸养砖强度逐渐增大，建筑垃圾用量为 75% 时（第 4 组），可满足 MU25 等级要求，固废利用率高达 90% 时（第 1、7 组），强度仍达到 MU15 等级要求；（3）同样用量的建筑垃圾和水泥，掺入硅灰比脱硫石膏更有利于强度的发展。

2.4.2.2 干燥收缩、抗冻、碳化、吸水性能评价

按照《砌墙砖试验方法》（GB/T 2542—2012）标准对第 2、3、4、8 组试样进行干燥收缩、抗冻性、碳化、吸水性能实验，结果如表 2.8 所示。

由表 2.8 可以看出，第 2、3、4、8 组蒸压砖试样的碳化、干燥收缩、抗冻、吸水性能均满足《蒸压粉煤灰砖》（JC/T 239—2014）中 MU20 等级的对应指标要求，可以作为新型的墙体材料。

表 2.7　蒸养砖的强度

组号	建筑垃圾微粉（质量分数）/%	再生骨料（质量分数）/%	水泥（质量分数）/%	硅灰（质量分数）/%	脱硫石膏（质量分数）/%	抗压强度/MPa	抗折强度/MPa
1	50	40	5	5	—	14.75	4.3
2	50	35	10	5	—	23.6	6.4
3	50	30	10	10	—	24.8	7.1
4	45	30	15	10	—	25.3	7.8
5	50	40	5	—	5	17.2	3.8
6	50	35	10	—	5	18.3	4.1
7	50	30	10	—	10	19.7	4.8
8	45	30	15	—	10	21.6	5.5

表 2.8　蒸养砖的干燥收缩、抗冻、碳化、吸水性能

项　目			试样 2	试样 3	试样 4	试样 8	MU20 标准值
冻前强度/MPa	抗压	平均值	23.6	24.8	25.3	21.6	≥20
		最小值	19.3	21.2	21.5	17.8	≥16
	抗折	平均值	4.3	6.4	7.1	5.5	≥4
		最小值	3.6	5.7	6.3	4.6	≥3.2
冻后强度/MPa	抗压	平均值	19.1	21.3	21.8	17.2	≥15
冻融循环质量损失/%			1.1	0.8	0.8	1.3	≤5
干燥收缩/mm·m⁻¹			0.35	0.32	0.29	0.45	≤0.5
碳化系数			0.87	0.88	0.91	0.86	≥0.85
吸水率/%			15	15	12	17	≤20

2.4.3　强度来源机理

利用建筑垃圾、水泥等所制备蒸养砖的强度主要来自两个方面：（1）在模压成型过程中，机械压力的作用下，集料、粉料互相靠拢，砖坯具有一定的密实度，使砖在成型后就获得一定的早期强度；（2）砖内部的原料在蒸压釜中的化学反应。加水拌和后，水泥熟料很快发生水化反应，生成胶凝性物质 C-S-H 和 $Ca(OH)_2$。由 SEM 图可以看出，建筑垃圾微粉表面粗糙不平，在破碎、筛分机械力的作用下，化学键断开，原有结构被打破，化学性质处于不稳定状态。加水拌和后，在蒸压条件下，微粉中的 SiO_2、$CaCO_3$ 以及沸石类水化产物和水泥水化

产生的 $Ca(OH)_2$ 生成配合物 $CaCO_3 \cdot Ca(OH)_2$、$CaSiO_3 \cdot CaCO_3 \cdot Ca(OH)_2 \cdot nH_2O$ 等，形成的这些复盐就增加了固体之间的界面，同时也增加了蒸压砖中固相的含量，形成强度较高的骨架作用，有利于水泥石结构的形成，从而有利于强度的发展。另外建筑垃圾微粉和再生骨料受到 $Ca(OH)_2$ 的激发也会产生一定的胶凝性物质，对强度有一定的贡献。

硅灰和脱硫石膏的加入对强度的提高也有一定积极作用。水泥水化产生的 $Ca(OH)_2$ 可以激发硅灰的潜在活性，发生二次水化，进一步提高蒸压砖的强度。加入的脱硫石膏本身对垃圾微粉具有一定的胶结作用，同时还可以激发建筑垃圾微粉的火山灰反应。一方面脱硫石膏会和建筑垃圾微粉溶出的 Al_2O_3 形成钙矾石，AFT 晶体的长大使得浆体发生膨胀，被水化产物包裹的微粉颗粒再次露出新的表面，加速了微粉的水化；另一方面，石膏中的 SO_4^{2-} 会渗透到水化硅酸钙凝胶中，改变 C-S-H 凝胶的透水性，即加速了建筑垃圾微粉的火山灰效应。

2.5 建筑垃圾、脱硫干灰/矿渣蒸养砖制备技术

随着我国城镇化的飞速发展，大范围的拆迁改造和工程建设每年都会产生大量的建筑垃圾，其产量已达到城市垃圾总量的 40%。建筑垃圾一般是指施工、建设单位或个人对各种构筑物、建筑物等进行拆除、扩建、新建、修缮及居民装修装饰房屋过程中所产生的废砖瓦、废混凝土、泥浆、废砂浆及其他废弃物。据不完全统计，2015 年我国建筑垃圾产量已达到 15 亿吨，2016 年为 17.5 亿吨，2017 年高达 20 亿吨，年产生量逐渐增大。美国、日本、欧洲国家建筑垃圾的利用率达到 65% 以上，我国的建筑垃圾利用率仅有 5%，远落后于发达国家。建筑垃圾若不做处理，只是简单填埋或露天堆放，不仅占用土地、浪费资源，而且建筑垃圾中有害的重金属元素，会带来严重的环境和安全隐患。党的十九大报告指出，要"建立健全绿色低碳循环发展的经济体系，加强固体废弃物和垃圾处置"，建筑垃圾的资源化受到广泛关注。

建筑垃圾经过分离分拣、破碎筛分后，净、细骨料可用于配制商品混凝土，中级骨料可制备墙体材料，粗骨料可用于路基回填，被收集的轻集料可生产烧结陶粒。国外相关研究是以建筑垃圾为骨料，配制再生混凝土和再生砂浆，实现建筑垃圾的资源化。鞠兴华等用建筑垃圾再生骨料配制混凝土，处理软土地基，满足复合地基承载力的设计要求。刘建鑫等在路基回填中加入建筑垃圾，研究其对回填土密实度的影响。

以建筑垃圾、脱硫干灰、矿渣为主要原料，采用模压成型、蒸压养护的方法制备蒸养砖，通过检测蒸养砖的强度来优化工艺配方，并对较优配方所制备蒸养砖的干燥收缩、抗冻、碳化等性能进行研究。利用建筑垃圾制备蒸养砖，城市固

废得到二次利用，不仅缓解了对天然资源的过度开发，也有效降低了固体废弃物造成的环境污染和安全隐患，对于促进产业结构优化以及推进生态文明建设起到积极的作用。

2.5.1　原料

实验所用脱硫干灰是火电厂干法脱硫工艺所得产物，化学成分如表2.9所示。脱硫干灰主要含有硅、铝、钙等元素。

表 2.9　脱硫干灰的化学成分

成　分	SiO_2	Al_2O_3	CaO	SO_3	Fe_2O_3	MgO	K_2O	TiO_2	其他
含量（质量分数）/%	38.1	24.8	23.9	4.9	3.2	1.7	1.3	1.1	1

脱硫干灰的物相组成如图2.11所示。由图2.11可知，脱硫干灰中含有较多的活性 SiO_2、CaO，使其具有潜在的胶凝性。脱硫干灰粒径特征参数 $D_{10} = 0.16\mu m$，$D_{25} = 0.2\mu m$，$D_{50} = 5.84\mu m$，$D_{75} = 13.14\mu m$，$D_{90} = 24.86\mu m$。

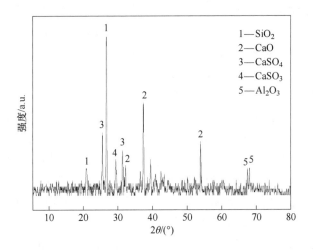

1—SiO_2
2—CaO
3—$CaSO_4$
4—$CaSO_3$
5—Al_2O_3

图 2.11　脱硫干灰的 XRD 图谱

实验所用水泥为河南大地水泥厂42.5普通硅酸盐水泥。市售矿渣，其主要指标如表2.10所示。

表 2.10　矿渣的指标

比表面积/$m^2 \cdot kg^{-1}$	流动度比/%	7天活性指数/%	28天活性指数/%
410	98	65	93

2.5.2 建筑垃圾、脱硫干灰/矿渣蒸养砖的制备工艺

将原料干燥处理后按表 2.11 进行配料，干料混合后加入适量的水（干料总质量的 16%）继续搅拌至均匀。混合均匀的坯料压制成型为标准砖尺寸，加荷速率为 0.1MPa/s，成型压力为 15MPa，保压 3min。成型之后的砖坯蒸压养护，最后检测蒸养砖的强度、抗冻、收缩等性能指标。具体工艺流程如图 2.12 所示。

表 2.11　蒸养砖的配方（质量分数）　　　　　　（%）

组号	建筑垃圾微粉	再生骨料	水　泥	脱硫干灰	矿　渣
A0	60	40	—	—	—
A1	35	55	10	—	—
A2	35	50	10	5	—
A3	30	50	10	10	—
A4	35	50	10	—	5
A5	30	50	10	—	10
A6	30	45	10	—	15

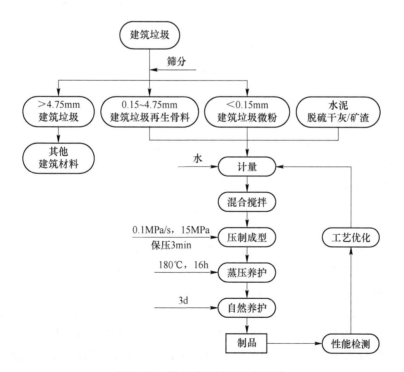

图 2.12　蒸养砖的制备工艺流程

2.5.3　实验结果与分析

2.5.3.1　尺寸及外观质量

蒸养砖外观质量检测按照《蒸压粉煤灰砖》(JC/T 239—2014) 标准进行。外观质量主要是检测砖是否出现裂纹、凸起、掉边等。图 2.13(a)为蒸养前的试件尺寸及外观质量，图 2.13(b)为蒸养后的试件尺寸及外观质量。由两图可看出建筑垃圾蒸养砖在蒸养前后的尺寸基本无变化，无缺棱掉角、开裂等现象且蒸养前后色差不明显，基本一致，满足免烧砖外观尺寸要求。

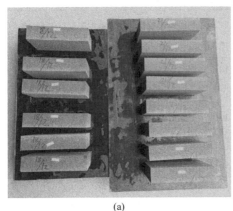
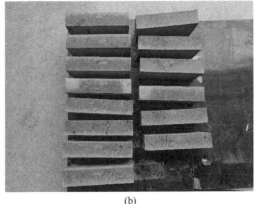

(a)　　　　　　　　　　　　　　　　　(b)

图 2.13 蒸养前后试样的外观尺寸及色差对比

（a）蒸养前；（b）蒸养后

2.5.3.2　显微形貌

通过超景深三维视频显微镜（KH-8700）对蒸养砖断面进行观察，如图 2.14 所示。从图中可以看出，蒸养砖内部结构较密实，再生砂与建筑垃圾微粉、脱硫干灰、水泥的水化物结合较为紧密。

2.5.3.3　强度

采用建筑垃圾、脱硫干灰、矿渣、水泥为原料，按照图 2.12 工艺流程制备蒸养标准砖，强度测试结果如表 2.12 所示。不添加水泥和掺合料的 A0 组试样成型后强度极低，易碎、掉角，无法进行后续工艺。从表 2.12 中可以看出：
（1）添加 10% 水泥，所有配方制备的蒸养砖均达到 MU15 等级要求（参考《蒸压粉煤灰砖》(JC/T 239—2014)），其中 A2、A5 达到 MU20 等级，A3、A6 达到 MU25 等级；（2）蒸养砖的强度随着建筑垃圾掺量的降低逐渐提高，建筑垃圾用量为 85%、固废利用率高达 90% 时（A2），强度仍能满足 MU20 等级要求；（3）建筑垃圾和水泥的用量相同时，脱硫干灰相比矿渣更有利于提高蒸养砖的强度。

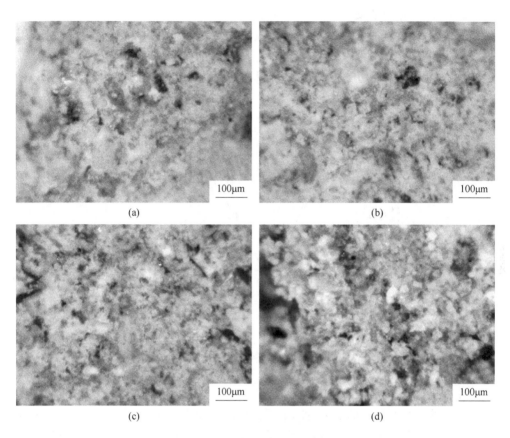

图 2.14 蒸养砖断面三维视频显微镜照片

（a）A2；（b）A3；（c）A4；（d）A5

表 2.12 蒸养砖的强度

组号	建筑垃圾微粉 （质量分数） /%	再生骨料 （质量分数） /%	水泥 （质量分数） /%	脱硫干灰 （质量分数） /%	矿渣 （质量分数） /%	抗压强度 /MPa	抗折强度 /MPa
A0	60	40	—	—	—	—	—
A1	35	55	10	—	—	17.6	4.4
A2	35	50	10	5	—	24.7	5.1
A3	30	50	10	10	—	27.9	5.3
A4	35	50	10	—	5	19.3	4.6
A5	30	50	10	—	10	21.7	5.8
A6	30	45	10	—	15	25.1	5.7

2.5.3.4 体积密度

对蒸养砖尺寸的测量选用量程 50cm 分度值 0.02mm 的游标卡尺，称重采用最大量程 20kg、灵敏度 0.1g 的电子秤。蒸养砖的体积密度如图 2.15 所示。A2 组体积密度最小为 1816kg/m³，A6 组体积密度最大为 1835kg/m³。

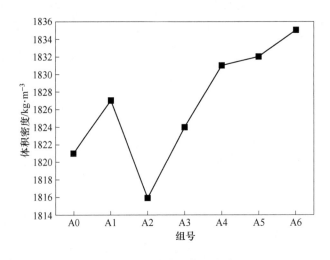

图 2.15 蒸养砖的体积密度

2.5.3.5 抗冻、碳化、干燥收缩、吸水性能评价

冻融性能是衡量砖的耐久性的重要指标，在潮湿寒冷的地区，抗冻性尤为重要。砖体在冻融的环境中破坏较为严重，出现开裂、掉渣及粉化等破坏现象。冻融破坏对于砖体的结构损伤是致命的，并且是彻底不可修复的。Powers 提出的混凝土冻融破坏静水压假说指出，冻融过程中体系中的凝胶水是不结成冰的，冻融破坏的是毛细孔，水转化成冰时的体积膨胀约为 9%。因此在冻融过程中，砖体内部受到结冰挤压产生的压力，从而产生破坏。图 2.16 为冻融后的蒸养砖，冻融后建筑垃圾蒸养砖没有明显的掉角、表面开裂现象。

碳化试验模拟砖体在自然环境中受 CO_2 侵蚀破坏的情况，碳化深度主要受砖体的空洞率和空洞结构及砖体的体积密度影响。在 10% 酚酞乙醇溶液中进行检测，全部碳化后的砖体如图 2.17 所示。

吸水率是指砖通过毛细管的作用将外部的水分吸入到砖体中的性质。吸水率可以侧面说明砖体的孔结构及分布，影响其抗冻性、泛霜及软化系数等耐久性能。在冻融的过程中，砖的吸水率越大，内部吸收的水分就越多，在冻融过程中结冰膨胀相应增加，冻融破坏更剧烈。

按照《蒸压粉煤灰砖》（JC/T 239—2014）标准对 A2、A3、A5、A6 试样进行抗冻性、碳化、干燥收缩、吸水性能实验，结果如表 2.13 所示。

图 2.16 冻融后的蒸养砖

(a)

(b)

图 2.17 蒸养砖碳化试验

（a）碳化前；（b）碳化后

表 2.13 蒸养砖的抗冻、碳化、干燥收缩、吸水性能

组号	抗 冻 性		碳化系数 K_c	干燥收缩 /mm·m^{-1}	吸水率 /%
	抗压强度损失/%	质量损失/%			
国标值	≤25	≤5	≥0.85	≤0.5	≤20
A2	14.3	1.1	0.88	0.42	15
A3	13.8	0.9	0.88	0.43	14
A5	14.9	0.9	0.88	0.42	15
A6	13.2	1.1	0.87	0.42	14

由表 2.13 可以看出，A2、A3、A5、A6 蒸养砖的抗冻、碳化、干燥收缩、吸水性能均满足《蒸压粉煤灰砖》(JC/T 239—2014) 要求。

2.5.3.6 软化系数和泛霜试验

软化系数是耐水性质的一个表示参数，是测试砖在水介质中是否能保持原有力学性能的重要指标。长期处于水中或潮湿环境的重要建筑物或构筑物，必须选用软化系数大于 0.85 的材料。在水的浸泡下，水通过毛细管进入砖体内部降低砖中分子之间的引力，使得通过压制成型的砖体结构强度降低；并且在水的作用下，砖体中的可溶性物质与水中的物质进行物质交换和稀释，导致砖体内的物质减少会使砖的强度降低。A2、A3、A5、A6 试样的软化系数见表 2.14。

表 2.14 蒸养砖的软化系数

组号	R_f/MPa	R_0/MPa	K_f
A2	22.2	24.7	0.90
A3	25.7	27.9	0.92
A5	19.5	21.7	0.90
A6	22.8	25.1	0.91

泛霜指砖体内部的部分可溶性盐碱类的物质在水的浸泡下随着水分的蒸发通过毛细管迁移至砖体的表面随即失去水分结晶沉积而在砖体的表面形成白色粉末状的现象。泛霜属于可溶性盐或碱的再结晶的过程。在晶相中往往会有一定的结晶水，体积产生膨胀，产生较大的膨胀应力，造成砖体的开裂破坏，导致耐久性降低。泛霜最直接是影响墙体的美观效果，并且泛霜严重甚至会破坏墙体的结构强度，导致强度下降。

根据程度不同，泛霜可分为：(1) 无泛霜，试样表面的盐析几乎看不到；(2) 轻微泛霜，试样表面出现一层细小明显的霜膜，但试样表面仍清晰；(3) 中等泛霜，试样部分表面或棱角出现明显霜层；(4) 严重泛霜：试样表面出现起砖粉、掉屑及脱皮现象。图 2.18 为泛霜后的建筑垃圾微粉砖的外观形貌，在砖的部分表面出现白色粉末的物质，但试件表面仍清晰。因此建筑垃圾微粉砖的泛霜程度为轻微泛霜。

2.5.4 强度来源机理

利用建筑垃圾、脱硫干灰、矿渣、水泥为原料所制备蒸养砖的强度主要来自以下两个方面。(1) 在压制成型时的物理作用。参照《建筑用砂》(GB/T 14684—2001) 对建筑垃圾再生砂进行筛分试验，再生砂的细度模数为 2.4，级配良好。成型过程中，在机械压力的作用下，级配良好的建筑垃圾颗粒互相靠拢，随着压力的增加，砖坯密度逐渐增大，形成骨架结构，使砖坯蒸养前具有一

图 2.18 蒸养砖泛霜试验

定的初期强度。达到成型压力时，保压 3min，有利于排出砖坯中的空气，提高砖坯的密实度，同时可以防止坯体在脱模后出现层裂现象。（2）砖坯在蒸养过程中原料之间的化学反应。180℃进行高温蒸养，水泥迅速发生水化反应，生成胶凝性物质 C-S-H 和 Ca(OH)$_2$。随着 Ca(OH)$_2$ 的增加，砖坯中液相的碱度提高，建筑垃圾微粉表面的 Al$_2$O$_3$、SiO$_2$ 键位断裂，原有网络聚合体结构被打破，形成游离的不饱和活性键，化学性质处于不稳定状态，这种体系更容易与活性组分发生反应，增加如水化硅酸铝和水化硅酸钙等胶凝物质的生成量。由图 2.11 可知脱硫干灰中含有较多的活性 SiO$_2$、CaO，使其具有潜在的胶凝性。水泥水化产生的 Ca(OH)$_2$ 可以激发脱硫干灰和矿渣的潜在活性，发生二次水化，进一步提高蒸压砖的强度。

2.6　本　章　小　结

利用建筑垃圾制备蒸养砖，城市固废得到二次利用，不仅缓解了对天然资源的过度开发，也有效降低了固体废弃物造成的环境污染和安全隐患，对于促进产业结构优化以及推进生态文明建设起到积极的作用。本章研究的主要结论如下。

（1）建筑垃圾微粉粒度分布为 $D_{10} = 0.13\mu m$，$D_{50} = 8.53\mu m$，$D_{90} = 47.95\mu m$；形状各异、表面粗糙不平、疏松多孔，主要含有硅、钙、铝等元素，含有较多的 SiO$_2$ 及 CaCO$_3$ 和 C-S-H 物相。建筑垃圾再生砂的细度模数为 2.6，级配良好。

（2）建筑垃圾本身活性较低，在不添加激发剂时，胶凝效果很差。Ca(OH)$_2$、Na$_2$SO$_4$、CaCl$_2$ 三种激发剂对建筑垃圾均有一定的激发作用，添加激发剂后建筑垃圾蒸养砖强度均有提高，其中 Ca(OH)$_2$ 激发效果较好。利用建筑垃圾微粉

50%、建筑垃圾再生砂40%、水泥10%为原料,加水量为14%(相对建筑垃圾和水泥的总质量),外掺4%(相对建筑垃圾微粉含量)的Ca(OH)$_2$为激发剂,采用压制成型、蒸压养护工艺可以制备出MU15等级的蒸养砖,建筑垃圾的用量高达90%。

(3)利用建筑垃圾微粉、建筑垃圾再生骨料、水泥、硅灰或脱硫石膏为原料,采用压制成型、蒸压养护工艺可以制备出MU20等级的高强砖,建筑垃圾的用量可高达85%。随着建筑垃圾掺量的增加蒸养砖强度逐渐降低,固废利用率高达90%时,强度仍可达到MU15等级要求。该高利废高强蒸压砖的合理配比为:建筑垃圾微粉45%~50%、建筑垃圾再生骨料30%~40%、水泥5%~10%、硅灰/脱硫石膏5%~10%。

(4)以建筑垃圾、脱硫干灰或矿渣、水泥为原料,建筑垃圾的用量为80%时,可以制得MU25等级的高强砖。建筑垃圾和水泥的用量相同时,脱硫干灰相比矿渣更有利于蒸养砖强度的提高。该高利废高强蒸压砖的合理配比为:建筑垃圾微粉30%~35%、建筑垃圾再生骨料45%~50%、脱硫干灰/矿渣5%~10%、水泥10%。

参 考 文 献

[1] 袁伟,张善德,丁来彬. C25建筑垃圾多孔混凝土的试验研究 [J]. 砖瓦,2018,(2):26~29.
[2] 陈家珑. 我国建筑垃圾资源化利用现状与建议 [J]. 建设科技,2014,(1):9~12.
[3] 宿茹,布晓进,曹素改. 利用建筑垃圾制备保温型砌筑砂浆 [J]. 工业建筑,2013,43(4):115~117.
[4] 李慧. 我国建筑垃圾资源化发展问题分析 [J]. 价值工程,2018,(34):223~224.
[5] 周文娟,陈家珑,路宏波. 我国建筑废弃物资源化现状及对策 [J]. 建筑技术,2009,(8):741~744.
[6] 杨子胜,王爱勤,王奕仁,等. 建筑垃圾掺量变化对制备自流平地坪砂浆性能的影响 [J]. 混凝土,2015,(5):130~133.
[7] 刘俊华,孙勇,刘凤丽,等. 建筑垃圾再生混合砂混凝土力学性能试验研究 [J]. 混凝土与水泥制品,2014,(6):94~97.
[8] 林丽娟,刘伟,田国华,等. 建筑垃圾及陶粒生产轻质自保温砌块的研究 [J]. 混凝土与水泥制品,2014,(4):74~75.
[9] 万莹莹,李秋义. 建筑垃圾用作蒸压砖骨料的试验研究 [J]. 资源节约与综合利用,2015,(3):31~34.
[10] 曹素改,张志强,贾美霞,等. 利用建筑垃圾制备混凝土标准砖 [J]. 砖瓦世界,2010,(7):30~33.
[11] 谢静静,朱平华. 再生混凝土保温砌块细骨料最优掺量试验研究 [J]. 四川建筑科学研究院,2014,40(2):213~215.

［12］许元.粉煤灰再生混凝土砌块配合比试验研究［J］.新型建筑材料,2013,39（6）：34～35.

［13］邵江.利用再生骨料制备再生混凝土及其性能的研究［D］.南宁：广西大学,2013.

［14］董丽.建筑垃圾再生骨料混凝土砌块配合比及其砌体基本力学性能研究［D］.郑州：郑州大学,2014.

［15］孙亚丽.再生混凝土抗碳化能力与钢筋锈蚀的试验研究［D］.杭州：浙江工业大学,2009.

［16］胡力群,沙爱民.水泥稳定废粘土砖再生集料基层材料性能试验［J］.中国公路学报,2012,25（3）：73～79.

［17］Lee G C, Choi H B. Study on interfacial transition zone properties of recycled aggregate by micro-hardness test［J］. Construction and Building Materials, 2013,（40）：455～460.

［18］Sami W Tabsh, Akmal S Abdelfatah. Influence of recycled concrete aggregates on strength properties of concrete［J］. Construction and Building Materials, 2009, 2（23）：163～1167.

［19］Khaleel H Younis, Kypros Pilakoutas. Strength prediction model and methods for improving recycled aggregate concrete［J］. Construction and Building Materials, 2013,（49）：688～701.

［20］Pereira P, Evangelista L, Be Brito J. The effect of superplasticizers on the mechanical performance of concrete made with fine recycled concrete aggregates［J］. Cement and Concrete Composites, 2012, 9（34）：1044～1052.

［21］Graeff A G, Pilakoutas K, Neodeous K, et al. Fatigue resistance and cracking mechanism of concrete pavements reinforced with recycled steel fibres recovered from Post-consumer［J］. Engineering Structures, 2012,（45）：385～395.

［22］马郁.掺建筑垃圾再生微粉混凝土性能实验研究［J］.混凝土与水泥制品,2016,（10）：88～90.

［23］刘小艳,金丹,刘开琼,等.掺再生微粉混凝土的早期抗裂性能［J］.建筑材料学报,2010,13（3）：398～401.

［24］李琴,张春红,孙可伟.不同激发剂激发建筑垃圾再生微粉活性研究［J］.硅酸盐通报,2016,35（7）：2187～2192.

［25］孙丽蕊.再生微粉材性及其对再生制品影响的研究［D］.北京：北京建筑工程学院,2012：23～59.

［26］吴姝娴,左俊卿.再生微粉掺合料的制备及性能研究［J］.山西建筑,2011,37（25）：122～124.

［27］方军良,陆文雄,徐彩宣.粉煤灰的活性激发技术及机理研究进展［J］.上海大学学报：自然科学版,2002,（3）：255～260.

［28］Shi Caijun, Robert L Day. Early strength development and hydration of alkali-activated blast furnace slag/fly ash blends［J］. Advances in Cement Research, 1999, 11（4）：189～196.

［29］马保国,赛守卫,郝先成,等.利用建筑垃圾制备新型高利废墙体砖［J］.新型建筑材料,2006,（1）：1～3.

［30］高剑平，潘景龙. 新旧混凝土结合面成为受力薄弱环节原因初探［J］. 混凝土，2000，(6)：44~46.

［31］王智，郑洪伟，钱觉时，等. 硫酸盐对粉煤灰活性激发的比较［J］. 粉煤灰综合利用，1999，(3)：15~18.

［32］Shi Caijun, Robert L Day. Chemical activation of blended cements made with lime and natural pozzolans［J］. Cement and Concrete Research, 1993, 23 (6)：1389~1396.

［33］Powers T C. A working hypothesis for further studies of resistance of concrete［M］. Chicago, 1945.

［34］丁亚九. 多晶硅废渣蒸压砖的制备及其性能研究［D］. 南京：东南大学，2016.

［35］鞠兴华，杨晓华，张莎莎. 水泥粉煤灰建筑垃圾桩处理软土地基试验研究［J］. 防灾减灾工程学报，2018，38 (4)：723~730.

［36］刘建鑫，白义奎，周枫桃. 建筑垃圾用于路基回填土密实度控制试验研究［J］. 公路工程，2017，42 (6)：301~305.

3 矿井盐泥蒸养砖制备技术

盐泥也称之为盐石膏，是制盐产业或盐场海水浓缩时形成的副产品，盐石膏按照制盐方法的差别也分为矿井盐石膏和海盐石膏。我国的矿井盐资源是非常丰富的，湖盐、海盐的资源储量也是相当可观，因此，这三大盐类是我国盐种的主要来源。矿井盐主要分为芒硝型和石膏型，其中我国石膏型矿井盐岩资源主要集中分布在中部地区，以石膏型矿井盐岩为原料，通过真空制盐方式生产的盐的总量占我国矿井盐总量约35%。2015年我国矿井盐产量为4456万吨，石膏型矿盐的产量近1500万吨。

常见矿井盐卤水中，具有十分明显的汽油味，如果直接将卤水加热或向卤水中加酸后会散发出一种异臭味。经测定，卤水的pH值为6~6.5，密度为1.158~1.190g/cm³，卤水中的化学成分会跟着卤水浓度的变化而改变。卤水的成分及含量如表3.1所示。

表3.1　卤水的成分及含量

成　分	含　量	成　分	含　量
Na^+	89.64g/L	Br^-	7.6mg/L
Cl^-	138.5g/L	K^+	19.0mg/L
Ca^{2+}	1.03g/L	Fe^{3+}	40.0mg/L
Mg^{2+}	0.046g/L	Pb^{2+}	0.020mg/L
SO_4^{2-}	2.31g/L	F^-	0.49mg/L
NH_4^+	45.3mg/L	Sr^{2+}	45.0mg/L
Li、I、As含量极低，未检出			

在井矿盐卤水真空制盐过程中，卤水的净化可以除去或尽可能地减少原料卤水中的杂质，提高制盐工艺中设备的生产能力，从而为化工生产与化工产品的综合利用提供质量可靠的卤水。卤水净化的方法有很多，国内矿井盐卤水净化工艺主要采用石灰－纯碱法、两碱法、石灰－烟道气法。

（1）石灰－纯碱法。石灰－纯碱法盐水精制技术的原理是利用石灰乳中的氢氧根离子与盐水中的镁离子进行反应生成难溶解的氢氧化镁沉淀以除去盐水中的镁离子, 利用纯碱液中的碳酸根离子与盐水中的钙离子进行反应生成难溶解的碳酸钙沉淀以除去盐水中的钙离子。其化学反应式如下:

$$Mg + 2OH^- \longrightarrow Mg(OH)_2 \downarrow$$

$$Ca + CO_3^{2-} \longrightarrow CaCO_3 \downarrow$$

(2) 两碱法。两碱法由于生产简单方便, 应用相对比较广泛, 其原理简单明了, 即钙离子与镁离子分别与碳酸钠 (即纯碱) 和氢氧化钠 (即烧碱) 充分混合反应后生成相应的固体沉淀物, 经过滤、洗涤、再过滤即可得到较为纯净的卤水供其他厂家利用。然而, 两碱均为常用的化工原料, 成本较高, 不易得到。

(3) 石灰 - 烟道气法。石灰 - 烟道气法是利用 $Ca(OH)_2$ 将卤水中的 Mg^{2+} 以 $Mg(OH)_2$ 沉淀除去, 通入锅炉烟道气将卤水中的 Ca^{2+} 以 $CaCO_3$ 沉淀形式除去, 该工艺分两步完成反应。第一步反应: 石灰水与卤水中的 Mg^{2+} 反应生成氢氧化镁沉淀, 同时石灰乳液 $Ca(OH)_2$ 与卤水中的 Na_2SO_4 反应生成 $CaSO_4$ 沉淀部分石灰乳液添加到卤水中的钙离子, 同时生成氢氧化钠 (NaOH), 即第一步是苛化反应。第二步反应: 利用锅炉排出的烟道气与第一步反应完成后的卤水继续反应, 生成碳酸钙沉淀, 以除去卤水中的钙离子。

总之, 无论采用何种卤水净化技术, 都将产生一定量的废渣 - 盐石膏, 俗称盐泥。每生产 20t 原盐大约产生 1t 矿井盐泥废渣, 河南省叶县被称为"中原盐都", 每年制盐产生的盐泥约在 5 万吨, 盐泥的堆存量十分庞大。大量的盐泥废渣被盐厂堆积起来, 其较高的含盐量和吸附的一些重金属会对河流、土壤、地下水等造成严重的污染。因此, 对盐泥综合利用展开研究, 既解决了环境污染问题, 又能产生经济效益, 也为国家节约了大量资源。

3.1　盐泥资源化现状

娄红斌分析了不同的分离设备对盐石膏的分离效果, 效果均不理想, 虹吸刮刀离心机过滤效果稍好但磨损严重。在以往传统的制盐石膏处理设备的基础上, 王军峰利用隔膜压滤机取代虹吸刮刀离心机处理盐石膏, 不仅将水分控制在 10% 以内, 而且提高了盐石膏的处理能力, 大幅度提升了设备的使用期限。蔡丰礼等对用盐石膏代替天然石膏作水泥缓凝剂进行了研究, 在凝结时间方面掺盐石膏的水泥与掺天然石膏的水泥相比并无明显差异, 在抗压抗折强度方面, 掺盐石膏水泥与掺天然石膏水泥相比都提高了不少。蔡丰礼还认为利用高铝煤矸石和盐石膏低温烧制阿利特 - 硫铝酸盐水泥熟料是可行的。管国兴等用脱水和煅烧的办法对盐石膏进行处理得到石膏粉, 用此种方法得到的建筑石膏粉的 2h 抗折强度比以天然石膏为原料生产的石膏粉 2h 抗折强度高。

有些制盐企业在通过一系列的预处理工艺后，能将盐泥进行有效的分离，分离后母液中钠盐含量高于原卤水中的含量。而分离出的盐泥中钠盐含量极低，这就使得盐石膏可以用于制作免烧砖。贾晓华等对盐石膏转晶与分离进行研究，在通过专有转晶技术转晶后，常温下加快无水石膏的水化速度，使石膏的粒度增加。梁瑞云等利用盐石膏生产建筑石膏，在通过四大工艺处理后的建筑盐石膏，部分质量标准可媲美建筑石膏。将玻璃纤维在盐石膏板的制作中加入，可提高盐石膏板强度，因此由石膏、防水剂、混合纤维、增黏剂、发泡剂等浆料混合浇筑成型的盐石膏板质量达到国家装饰石膏板标准。李瑞宁研究了在某一硫酸盐激发的作用下，盐石膏的水化与转晶变化，找到了盐石膏转晶所需要的最佳条件。马铭杰等人对盐石膏加工制备空心板材进行了一系列的试验，找到了较为合适的制备空心板的条件，用盐石膏加工制备的空心板材与使用天然石膏加工制备的空心条板的强度及耐久性做了较为全面的对比试验，试验发现用盐石膏加工制作的空心板材性能优异。卢芳仪采用了不同的方法，以盐泥为原料制备出了碳酸钙，使得原材料可被充分利用。周秀云、刘勇采用不同的工艺手法，用水热法将盐石膏制备成硫酸钙晶须。陈侠等运用 Kondo 模型，研究了在激发剂硫酸钠作用下盐石膏废渣的水化过程，分别研究了激发剂溶液浓度和温度对相边界反应阶段水化速率的影响。结果表明，在一定的范围内，增大激发剂溶液浓度可使水化速率常数 k 增大，升高温度会使水化速率常数 k 减小。

国外制盐方式普遍采用的是卤水净化方法，这与国内制盐方式有很大的不同，国外制盐方式无副产品，所以在对如何对盐泥进行废物再利用方面的研究并不深入。

盐泥废渣若不做处理，便进行填埋或露天堆放，不仅占用大量的土地，而且会污染土壤和地下水。利用盐泥制备蒸养砖，固体废弃物得到再次利用，既可以减少对天然资源的开发使用，也能够有效缓解和降低固体废弃物造成的安全隐患和环境污染，对于促进产业结构优化、实现工业绿色发展、培育新的经济增长点、推进生态文明建设起到积极的作用。

3.2　矿井盐泥的基本特性

本节盐泥来自石灰－二氧化碳法卤水净化工艺所产的废渣，具体工艺流程如图 3.1 所示。原卤与制盐车间来的母液在一级反应桶内混合后，加入石灰乳和絮凝剂进行搅拌、反应、澄清，将上层清液泵入二级反应桶，下层泥浆泵入泥浆桶；在二级反应桶内先通烟道气然后加纯碱液，最后加絮凝剂进行搅拌、澄清，将上层清液泵入精卤桶储存，下层泥浆泵入泥浆桶。卤水通过净化，可除去其中大部分 Ca^{2+}、Mg^{2+} 及固形物等杂质，为制盐提供高质量的卤水；泥浆分别经过压滤、洗涤和再压滤后得到一级盐泥和二级盐泥，由于利用率较低，盐厂产生的盐泥多为混合堆存。

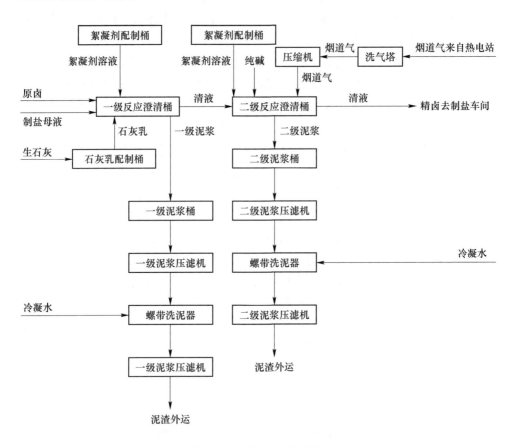

图 3.1　卤水净化工艺流程

3.2.1　矿井一级盐泥基本特性

3.2.1.1　堆积密度

试验测得矿井一级盐泥的堆积密度为 845.5g/L，与建筑石膏 626.2g/L 和脱硫石膏 814.9g/L 的堆积密度相比，矿井一级盐泥的堆积密度较大。

3.2.1.2　细度

由表 3.2 可以看出，矿井一级盐泥粒度分布并不均匀，团聚严重。9.5mm 以上占了 31.24%，其次是 0.6mm 和 0.3mm 分别占了 17.54% 和 27.04%。矿井一级盐泥在使用之前应先经过球磨等预处理。

表 3.2 矿井一级盐泥细度

筛网直径/mm	9.5	4.75	2.36	1.18	0.6	0.3	0.15	<0.075	总计
含量(质量分数)/%	31.24	1.36	2.94	6.22	17.54	27.04	7.88	5.77	99.9

3.2.1.3 含水率

矿井一级盐泥是制盐产业所产生的废渣,其含水量与压滤工艺和空气湿度有关,含水量有一定波动,在使用前应实测其含水率。40℃干燥至恒重测得其含水率如表 3.3 所示。

表 3.3 矿井一级盐泥含水率

试 样	干燥前质量/g	干燥后质量/g	干燥前后质量差值/g	含水率/%
矿井一级盐泥	50.012	47.541	2.471	4.94

称取卤渣试样约 $50g(m_1)$,放在已经烘干的带盖的小坩埚中,在 (45 ± 5)℃的电热恒温干燥箱中干燥 24h,取出,冷却至室温,称量。再将坩埚带盖放进干燥箱中,在相同的温度中烘干 30min,使每次称量前后误差不超过 0.001g,如若不然,继续干燥、称量,直至误差小于 0.001g。记录数据。

含水率 X_1 由式(3.1)表示。

$$X_1 = \frac{m_1 - m_2}{m_1} \times 100\% \tag{3.1}$$

式中,X_1 为含水率,%;m_1 为烘干前试样的质量,g;m_2 为烘干后试样的质量,g。

3.2.1.4 烧失量

烧失量试验根据《石膏化学分析方法》(GB/T 5484—2012)中讲述的试验方法进行。

(1)称取烘干后的混合盐石膏约 1g,记为 m_3,精确至 0.001g。

(2)放入经过干燥处理的坩埚中,放入高温炉内,检查是否放稳。

(3)设置高温炉程序,根据使用的高温炉性能,算好升高到 850℃所需时间,并设置,在 850℃下保温 1h。

(4)待高温炉自动冷却后,用坩埚钳取出坩埚,称量经过煅烧后的质量,记为 m_4,烧失量由式(3.2)计算。

$$X_2 = \frac{m_3 - m_4}{m_3} \times 100\% \tag{3.2}$$

式中,X_2 为烧失量,%;m_3 为试样的质量,g;m_4 为灼烧后试样的质量,g。

850℃灼烧至恒重测得矿井一级盐泥的烧失量如表 3.4 所示。

表3.4 矿井一级盐泥的烧失量

试 样	灼烧前质量/g	灼烧后质量/g	灼烧前后质量差值/g	烧失量/%
矿井一级盐泥	1.014	0.806	0.208	20.50

3.2.1.5 化学组成

利用 X 荧光光谱仪（ZSX Primus Ⅱ）对一级盐泥的化学组成进行测试，检测结果如表 3.5 所示。矿井一级盐泥的主要化学成分为 CaO、SO_3、Na_2O、MgO 等。

表3.5 矿井一级盐泥化学成分

组 分	Na_2O	MgO	Al_2O_3	SiO_2	P_2O_5	SO_3	Cl	K_2O	CaO	Fe_2O_3
含量(质量分数)/%	10.9942	8.7154	0.4368	1.0337	0.0188	34.7344	8.2122	0.2545	35.2473	0.1535

3.2.1.6 物相分析

采用 X 射线衍射仪（X Pert PRO MPD，管电压 40kV，管电流 40mA，扫描速度 5(°)/min）对一级盐泥进行物相分析，结果如图 3.2 所示。从图 3.2 可以看出，一级盐泥的主要物相为 $CaSO_4 \cdot 2H_2O$。

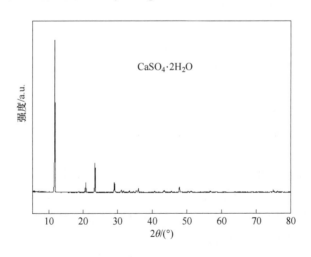

图3.2 矿井一级盐泥 XRD 图谱

3.2.1.7 差热-热重分析

矿井一级盐泥差热-热重分析如图 3.3 所示。结合化学成分和物相组成可以看出：在 200℃ 之前，主要是 $CaSO_4 \cdot 2H_2O$ 脱水失重，140℃ 失重 14.2%，$CaSO_4 \cdot 2H_2O$ 质量分数为 68.6%；300~600℃ 为 $Mg(OH)_2$ 分解失重，600℃ 失重 2.7%，Mg(OH)$_2$ 质量分数为 8.6%；600~700℃ 主要为 Ca(OH)$_2$ 分解失重；700℃ 失重 1.9%，Ca(OH)$_2$ 质量分数为 7.8%；700~950℃ 主要为 CaCO$_3$ 分解失重，700~950℃ 失重 6.1%，CaCO$_3$ 质量分数为 13.8%。

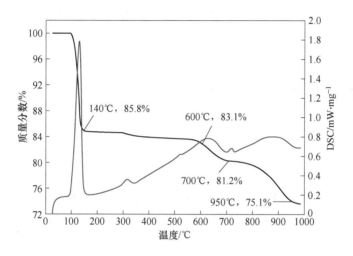

图 3.3　矿井一级盐泥差热 – 热重曲线

3.2.1.8　SEM 分析

　　将矿井一级盐泥干燥后放在扫描电子显微镜下观察，其形貌如图 3.4 所示。由图 3.4 可以看出矿井一级盐泥颗粒的形状无规则，大小不均匀；大颗粒是由众多小颗粒团聚形成。矿井一级盐泥比较容易团聚，主要是由于卤水净化时加入了絮凝剂，以及含有 Mg(OH)$_2$ 胶体引起的。小颗粒数目占比较多，直径在 2~5μm，大颗粒占比较少，直径在 10~30μm。

图 3.4　矿井一级盐泥微观形貌

3.2.2 矿井二级盐泥基本特性

3.2.2.1 化学成分

利用 X 荧光光谱仪（ZSX Primus Ⅱ）对二级盐泥的化学组成进行测试，检测结果如表 3.6 所示。矿井盐泥主要化学成分（质量分数）为 CaO 72.27%、Na_2O 14.83%、SO_3 3.39%。

表 3.6 二级盐泥的化学成分

组 分	Na_2O	MgO	Al_2O_3	SiO_2	P_2O_5	SO_3	Cl	K_2O	CaO	Fe_2O_3
含量（质量分数）/%	14.8291	0.6979	0.0757	0.2052	0.0058	3.3891	5.9796	0.2726	72.2665	0.0806

3.2.2.2 物相分析

采用 X 射线衍射仪对二级盐泥进行物相分析，结果如图 3.5 所示。从图 3.5 可以看出，二级盐泥的主要物相为 $CaCO_3$、NaCl。

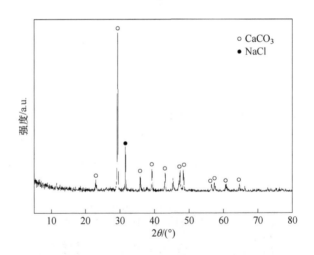

图 3.5 二级盐泥的 XRD 图谱

3.2.2.3 差热 - 热重分析

矿井二级盐泥的差热 - 热重曲线如图 3.6 所示。结合化学成分和物相组成可以看出：在 300℃ 之前，主要是 $CaSO_4 \cdot 2H_2O$ 脱水失重，600 ~ 950℃ 主要为 $CaCO_3$ 分解失重，失重 42%，$CaCO_3$ 含量 95.3%。

3.2.3 矿井混合盐泥基本特性

3.2.3.1 化学组成

利用 X 荧光光谱仪（ZSX Primus Ⅱ）对盐泥的化学组成进行测试，检测结果

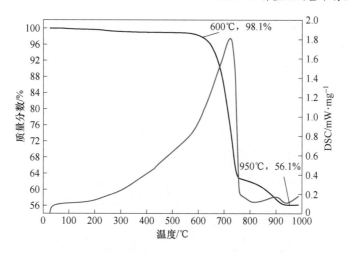

图3.6 二级盐泥的二级盐泥的差热-热重曲线

如表3.7所示。矿井混合盐泥主要化学成分（质量分数）为 CaO 55.24% 、SO$_3$ 19.92% 、MgO 11.45% 、Na$_2$O 4.67% 。

表3.7 混合盐泥的化学成分

成 分	Na$_2$O	MgO	Al$_2$O$_3$	SiO$_2$	P$_2$O$_5$	SO$_3$	Cl	K$_2$O	CaO	Fe$_2$O$_3$
含量（质量分数）/%	4.67	11.45	1.08	2.79	0.02	19.92	3.26	0.37	55.24	0.53

3.2.3.2 物相分析

采用 X 射线衍射仪对混合盐泥进行物相分析，结果如图 3.7 所示。从图 3.7 可以看出，盐泥的主要物相为 CaSO$_4$·2H$_2$O、CaCO$_3$、NaCl。

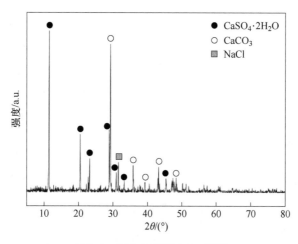

图3.7 混合盐泥的 XRD 图谱

3.2.3.3　形貌分析

采用扫描电子显微镜（QUANTA 450）对矿井混合盐泥进行表面观察，结果如图3.8所示。可以看出，盐泥颗粒形状各异、大小不均、表面粗糙不平。

图3.8　混合盐泥的SEM图

3.2.3.4　盐泥的差热–热重分析

矿井混合盐泥的差热–热重曲线如图3.9所示。结合化学成分和物相组成可以看出：在300℃之前，主要是$CaSO_4 \cdot 2H_2O$脱水失重；300~500℃为$Mg(OH)_2$分解失重；500~700℃主要为$Ca(OH)_2$分解失重；700~950℃主要为$CaCO_3$分解失重。300℃失重6.5%，$CaSO_4 \cdot 2H_2O$质量分数为31.3%；550℃失重1.1%，$Mg(OH)_2$质量分数为3.54%；350~550℃失重0.9%，$Ca(OH)_2$质量分数为3.6%；550~950℃失重26.1%，$CaCO_3$质量分数为54.9%。

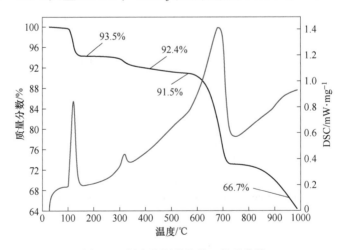

图3.9　混合盐泥的差热–热重曲线

综合以上基本特性分析，二级盐泥 $CaCO_3$ 质量分数 95.3% 时，可以考虑制备轻质碳酸钙；本书重点研究利用一级盐泥和混合盐泥制备蒸养砖。

3.3　矿井一级盐泥蒸养砖制备技术

盐泥的堆存量巨大，盐泥若不做处理，直接露天堆放或简单填埋，不仅占用大量的土地，而且会影响地下水和土壤的质量，盐泥的资源化受到学者们的广泛关注。

周秀云等采用盐石膏为原料，制备出长度为 $70\sim100\mu m$，平均直径为 $2.3\mu m$ 的硫酸钙晶须。李志新等通过研究发现掺入适量的硅酸盐水泥可以缩短石膏型矿井盐泥的凝结时间，提高其强度，增大其标稠用水量。陈侠等研究了 Na_2SO_4 对盐石膏水化过程的影响，在 $0\sim0.60mol/L$ 范围内，增加 Na_2SO_4 溶液的浓度可增大盐石膏的水化速率常数 k。河南省漯河市建设矿井盐石膏综合利用项目（12 万吨/年），主要利用盐石膏生产石膏板材、水泥缓凝剂及建筑石膏粉等建筑材料。关于矿井盐泥的资源化研究较少，但也取得一定成果，综合来看，盐石膏的消耗量有限或所制备产品强度较低。本节以平顶山某盐厂产生的石膏型矿井盐泥为研究对象，以矿井盐泥为主要原料，采用模压成型 - 蒸汽养护的方法制备盐泥蒸养砖，并对所制备蒸养砖的抗压抗折强度、抗冻、干燥收缩、碳化性能进行研究。矿井盐泥在建材中得到大规模利用，且所制备的蒸养砖强度较高，对于培育新的经济增长点、促进产业结构优化、实现美丽中国建设起到积极的作用，具有广阔的市场前景。

3.3.1　原料

3.3.1.1　矿井一级盐泥

本实验所用的矿井一级盐泥来自河南叶县某盐厂，外观特征如图 3.10 所示。

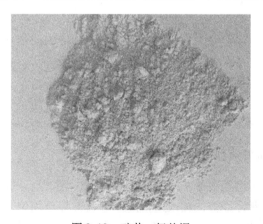

图 3.10　矿井一级盐泥

由于矿井一级盐泥团聚严重，使用前需要进行球磨处理。经 10min、20min、30min 球磨后，一级盐泥的粒径见表 3.8。由表 3.8 可以看出，球磨 30min 后，0.075mm 以下粒径的一级盐泥已经达到 50% 以上，球磨效果明显。

表 3.8   球磨时间对一级盐泥粒径的影响

时间	筛网直径/mm	9.5	4.75	2.36	1.18	0.6	0.3	0.15	0.075	<0.075	总计
10min	筛余量/g	0	0	0	0	14.1	152.9	683.7	472.2	177.1	1500
10min	占比/%	0	0	0	0	0.9	10.2	45.6	31.5	11.8	100
20min	筛余量/g	0	0	0	0	8.4	100.3	545.9	396.2	449.2	1500
20min	占比/%	0	0	0	0	0.6	6.7	36.4	26.4	29.9	100
30min	筛余量/g	0	0	0	0	1.7	45.30	357.0	303.7	792.3	1500
30min	占比/%	0	0	0	0	0.1	3.0	23.8	20.2	52.8	100

3.3.1.2   硅灰

试验所用的硅灰采用洛阳汇矽微硅粉，化学成分见表 3.9。水泥为河南大地水泥厂 42.5 普通硅酸盐水泥、脱硫干灰的化学成分见表 2.9，物相组成如图 2.11 所示。

表 3.9   硅灰化学组成

成分	SiO$_2$	Al$_2$O$_3$	Fe$_2$O$_3$	CaO	MgO	TiO$_2$	其他
含量(质量分数)/%	96.88	0.17	—	0.25	0.46	—	2.24

3.3.1.3   骨料

骨料为河砂，细度模数 $M_x = 2.86$，级配良好。

准确称取烘干的河砂 500g（精确至 1g），倒入筛中，将套筛固定在摇筛机上，筛分 10min 后取出套筛，再按筛孔由大到小的顺序，逐一进行手筛，直至筛出量不超过试样总量的 0.1%。通过的河砂和下一只方孔筛中的试样一起进行手筛，直至所有河砂全部筛完为止。称取各筛筛余试样的质量（精确至 1g）。

河砂的细度模数根据式（3.3）计算：

$$M_x = \frac{A_2 + A_3 + A_4 + A_5 + A_6 - 5A_1}{100 - A_1} \tag{3.3}$$

式中，M_x 为砂的细度模数；$A_1 \sim A_6$ 为各筛的筛余量，g。

3.3.2   矿井一级盐泥蒸养砖的制备工艺

先将经 10min 球磨后的矿井一级盐泥与河砂、水泥、脱硫干灰按表 3.10 的配比加入搅拌桶，混合搅拌，加入适量的水继续搅拌至均匀。混合均匀的坯料压制成型为标准砖尺寸，加荷速率为 0.1MPa/s，成型压力为 20MPa，保压 3min。

成型之后的砖坯蒸压养护,最后检测蒸养砖的强度、抗冻、收缩等性能指标。具体工艺流程如图 3.11 所示。

表 3.10 盐泥蒸养砖配比(质量分数) (%)

组号	一级盐泥掺量	脱硫干灰掺量	河砂掺量	水泥掺量	硅灰掺量
1	60	0	30	10	—
2	50	10	30	10	—
3	40	20	30	10	—
4	40	25	30	5	—
5	40	30	30	0	—
6	40	20	30	10	3.5
7	40	20	30	10	7.0
8	40	20	30	10	10.5

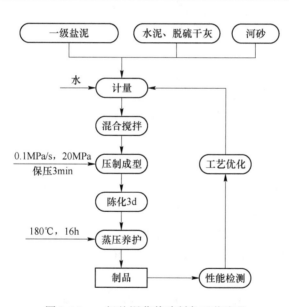

图 3.11 一级盐泥蒸养砖制备工艺流程

本次试验所用仪器、设备均由河南城建学院工业固体废弃物综合利用研究中心提供,主要使用试验仪器见表 3.11。

表 3.11 试验仪器及用途

编号	仪器名称	型号	生产厂家	用 途
01	复合式破碎机	800 型	河南红星矿山机械有限公司	破碎原料
02	震击式标准振筛机	ZBSX92A 型	浙江上虞市飞达试验机厂	筛分原料

编号	仪器名称	型号	生产厂家	用途
03	新标准方孔砂石筛	执行标准 JGJ 52—2006	浙江上虞市道墟冲压筛具厂	筛分原料
04	电热鼓风干燥箱	101A—0 型	南京沃环科技实业有限公司	干燥物料
05	电热恒温干燥箱	202A—1 型	南京沃环科技实业有限公司	干燥物料
06	电子秤、电子天平等	—	—	对原料计量
07	立式搅拌机	UJZ-15 型	绍兴市亿纳仪器制造有限公司	混合搅拌
08	制砖机	DX 型	保定东兴模具机械厂	压制成型
09	蒸压釜	定制	河南鸿源创鑫	对成型的砖蒸压养护
10	微机控制电子万能试验机	TYE-3000 型	深圳三思纵横科技有限公司	测试成品强度
11	混凝土慢速冻融试验机	DS-500 型	绍兴市容纳测控技术有限公司	进行冻融试验
12	沸煮箱	FZ-31 型	上海精虞检测仪器有限公司	沸煮砖
13	激光粒度分析仪	LS-900	珠海欧美克仪器有限公司	测定材料粒度分布
14	X 射线荧光光谱分析仪	Primus Ⅱ +	日本理学	分析材料组分
15	粉末 X 射线衍射仪	X' Pert pro	荷兰帕纳科	分析材料物相
16	三维视频显微镜	KH-8700	日本浩视	观察微观结构
17	扫描电子显微镜	QUANTA 450	荷兰 FEI	材料的形貌组织观察

3.3.3　实验结果与分析

3.3.3.1　尺寸外观质量

矿井一级盐泥蒸养砖蒸养前后尺寸无明显变化，未出现表面开裂、掉角、破损现象；蒸养前后颜色差异比较明显，蒸养前颜色较深，蒸养后颜色较浅。蒸养砖的尺寸及外观质量满足《蒸压粉煤灰砖》(JC/T 239—2014) 标准要求。

3.3.3.2　强度

采用矿井盐泥、脱硫干灰、河砂为主要原料，掺加少量水泥和硅灰作为胶凝材料，按照图 3.11 工艺流程制备盐泥蒸养标准砖，强度测试结果如表 3.12 所示。从表中可以看出：(1) 第 1~3 组，蒸养砖强度随着盐泥掺量的增加、脱硫干灰的减少而急剧降低；第 3~5 组，蒸养砖强度随着水泥掺量的降低而减小；第 6~8 组，蒸养砖强度随着硅灰掺量的增加而增大。(2) 同时掺入水泥和硅灰 (第 6~8 组) 所制备蒸养砖强度均能达到 MU10 等级要求 (参考《蒸压粉煤灰砖》(JC/T 239—2014))，固废利用率高达 60% (盐泥 + 脱硫干灰)。(3) 矿井一级盐泥:脱硫干灰:河砂:水泥 = 40:20:30:10，硅灰掺量 10.5%，蒸养温度为 180℃，蒸养时间为 16h 时，制备的矿井一级盐泥蒸养砖性能较优，蒸养满足《蒸压粉煤灰砖》(JC/T 239—2014)标准中 MU15 等级要求。

表 3.12　矿井一级盐泥蒸养砖强度

组号	一级盐泥掺量（质量分数）/%	脱硫干灰掺量（质量分数）/%	河砂掺量（质量分数）/%	水泥掺量（质量分数）/%	硅灰掺量（质量分数）/%	抗压强度/MPa	抗折强度/MPa
1	60	0	30	10	—	2.4	0.9
2	50	10	30	10	—	6.8	2.9
3	40	20	30	10	—	13.7	3.8
4	40	25	30	5	—	9.1	2.6
5	40	30	30	0	—	3.7	1.1
6	40	20	30		3.5	13.2	4.1
7	40	20	30		7.0	14.1	3.5
8	40	20	30	10	10.5	15.9	4.7

注：硅灰掺量为胶凝材料（水泥＋干法脱硫灰）总量的 3.5%、7.0%、10.5%。

3.4　矿井混合盐泥蒸养砖制备技术

3.4.1　实验原料

矿井混合盐泥团聚严重，资源化时需进行球磨处理。在 10min、20min、30min 球磨后，盐泥的粒径分布如表 3.13 所示。可以看出球磨 10min 即可获得较细粉体。水泥来自河南大地水泥厂，P.O 42.5；骨料为河砂，细度模数 $M_x = 2.86$，级配良好。

表 3.13　球磨时间对混合盐泥粒径的影响

球磨时间/min	粒径/mm								
	9.5	4.75	2.36	1.18	0.6	0.3	0.15	0.075	<0.075
0	31.24	1.36	2.94	6.22	17.54	27.04	7.88	4.23	1.55
10	0	0	0	0	0.9	10.2	45.6	31.5	11.8
20	0	0	0	0	0.6	6.7	36.4	26.4	29.9
30	0	0	0	0	0.1	3.0	23.8	20.2	52.8

3.4.2　矿井混合盐泥蒸养砖的制备工艺

以矿井盐泥和干法脱硫灰为主要原料制备盐泥蒸养砖，盐泥球磨处理 10min 后按表 3.14 进行配料，干料混合后加入适量的水（干料总质量的 15%）继续搅拌至均匀。混合均匀的原料压制成型（成型压力 15MPa、加荷速率 0.1MPa/s、保压 3min）为标准砖尺寸（240mm × 115mm × 53mm）。成型之后的盐泥砖坯进行蒸压养护，蒸养工艺：蒸养温度 180℃、养护时间 16h，最后对蒸养砖的抗压抗折强度、抗冻、收缩、碳化等性能进行检测。盐泥蒸养砖具体制备工艺流程如图 3.12 所示。

表 3.14　混合盐泥蒸养砖配方（质量分数）　　　　　　　（%）

组号	矿井盐泥	脱硫干灰	河 砂	水 泥	硅 灰
A1	40	20	30	10	0
A2	40	20	30	10	3.5
A3	40	20	30	10	7
A4	40	22.5	30	7.5	7
A5	40	25	30	5	7
A6	45	20	30	5	7
A7	50	15	30	5	7

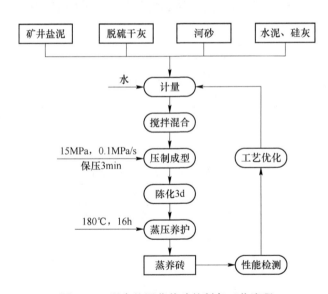

图 3.12　混合盐泥蒸养砖的制备工艺流程

3.4.3　实验结果与分析

3.4.3.1　尺寸及外观质量
混合盐泥蒸养砖外观质量检测按照《蒸压粉煤灰砖》(JC/T 239—2014) 标准

进行。外观质量主要是检测砖是否出现裂纹、凸起、掉边等。图 3.13（a）为蒸养前的试件，图 3.13（b）为蒸养后的试件。由两图可看出混合盐泥蒸养砖在蒸养前后的尺寸基本无变化，蒸养后颜色变浅，无缺棱掉角、开裂等现象，满足免烧砖尺寸及外观质量要求。

 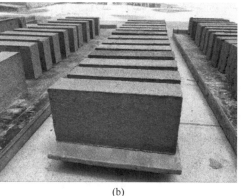

（a） （b）

图 3.13　混合盐泥砖外观形貌

（a）蒸养前；（b）蒸养后

3.4.3.2　蒸养砖强度

采用矿井混合盐泥、脱硫干灰、河砂为主要原料，掺加少量水泥和硅灰作为胶凝材料，按照图 3.11 工艺流程制备盐泥蒸养标准砖，强度测试结果如表 3.15 所示。不添加水泥和硅灰的空白试样压制成型后强度极低，脱模即碎；掺加少量水泥可获得不同强度的蒸养砖。从表 3.15 中可以看出：（1）第 A1～A3 组，蒸养砖强度随着硅灰掺量的增加而增大；第 A3～A5 组，蒸养砖强度随着水泥掺量的降低而减小；第 A5～A7 组，蒸养砖强度随着盐泥掺量的增加而减小。（2）同时掺入水泥和硅灰（第 A2～A7 组）所制备蒸养砖强度均能达到 MU15 等级要求（参考《蒸压粉煤灰砖》（JC/T 239—2014），其中 A2 和 A3 盐泥用量达到 40%、固废利用率高达 60% 时（盐泥＋脱硫干灰），强度仍能满足 MU20 等级要求。

表 3.15　蒸养砖的强度

组号	矿井盐泥（质量分数）/%	脱硫干灰（质量分数）/%	河砂（质量分数）/%	水泥（质量分数）/%	硅灰（质量分数）/%	抗折强度/MPa	抗压强度/MPa
A1	40	20	30	10	0	3.93	11.67
A2	40	20	30	10	3.5	4.74	20.30
A3	40	20	30	10	7	5.26	22.73

续表 3.15

组号	矿井盐泥 （质量分数） /%	脱硫干灰 （质量分数） /%	河砂 （质量分数） /%	水泥 （质量分数） /%	硅灰 （质量分数） /%	抗折强度 /MPa	抗压强度 /MPa
A4	40	22.5	30	7.5	7	5.10	18.45
A5	40	25	30	5	7	5.53	17.58
A6	45	20	30	5	7	4.28	17.27
A7	50	15	30	5	7	4.17	16.18

3.4.3.3　碳化、干燥收缩、抗冻、吸水性能评价

按照《蒸压粉煤灰砖》（JC/T 239—2014）对 A2、A3、A4、A5、A6、A7 试样进行碳化、干燥收缩、抗冻、吸水性能测试，结果如表 3.16 所示。

表 3.16　蒸养砖的碳化、干燥收缩、抗冻、吸水性能

组号	抗 冻 性		碳化系数 /K_c	干燥收缩 /mm·m^{-1}	吸水率 /%
	抗压强度损失/%	质量损失/%			
国标值	≤25	≤5	≥0.85	≤0.5	≤20
A2	6.3	1.3	0.87	0.42	16
A3	5.4	0.9	0.89	0.44	12
A4	5.1	0.8	0.89	0.42	12
A5	5.2	0.9	0.89	0.40	13
A6	6.1	1.2	0.87	0.40	15
A7	6.8	1.3	0.86	0.41	15

由表 3.16 可以看出，A2、A3、A4、A5、A6、A7 蒸养砖的抗冻、碳化、干燥收缩、吸水性能均达到相应国标要求。

3.4.3.4　泛霜试验

蒸养砖内部存在的可溶性盐类在遇水后随水分的蒸发由内部缓慢移动到表面，干燥沉淀后依附在砖表面形成白色细小颗粒，形成泛霜现象。混合盐泥含有一定量氯盐，制备蒸养砖可能会发生泛霜，影响其使用。泛霜中会有晶体形成，而晶体形成会对砖体造成破坏，影响其强度。矿井混合盐泥蒸养砖泛霜前后外观如图 3.14 所示。从图 3.13 可以看出，混合盐泥蒸压砖经过泛霜试验后，部分表面出现泛霜现象，未出现较厚的霜层，为轻微泛霜。如果想更好地解决泛霜问题，可以在使用前对混合盐泥进行水洗处理。

(a)　　　　　　　　　　　　　　　　　(b)

图 3.14　矿井混合盐泥泛霜
（a）泛霜前；（b）泛霜后

3.5　盐泥蒸养砖强度来源机理

利用矿井盐泥、脱硫干灰、河砂、水泥等所制备蒸养砖的强度主要来自两个方面：

（1）在模压成型过程中的物理作用。项目所用河砂粒度为 0.15 ~ 9.5mm，细度模数 $M_x = 2.86$，符合中砂的细度模数；盐泥球磨 10min 后，0.15mm 以下达到 40% 以上，形成了级配良好的颗粒堆积状态。成型过程中，在机械压力的作用下，颗粒、粉料互相靠拢，形成骨架结构，砖坯密度逐渐增大，使砖在成型后就获得一定的初期强度。达到成型压力时，保压 3min，有利于排出砖坯中的空气，提高砖坯的密实度，同时可以防止坯体在脱模后出现层裂现象。混料时加入的水，真正参与水化反应的占很少一部分，多余的水分不利于蒸养砖的最终强度，所以在保证成型要求的情况下，加水量越低越好，以提高蒸养砖的强度。本实验成型时，加荷速率为 0.1MPa/s，成型压力为 20MPa，加水量较低，仅为 15%，有利于强度的提高。

（2）砖坯在蒸养过程中原料之间的化学反应。加水拌和后，水泥熟料很快发生水化反应：

$$3CaO \cdot SiO_2 + nH_2O \longrightarrow xCaO \cdot SiO_2 \cdot yH_2O + (3-x)Ca(OH)_2$$

$$2CaO \cdot SiO_2 + nH_2O \longrightarrow xCaO \cdot SiO_2 \cdot yH_2O + (2-x)Ca(OH)_2$$

生成胶凝性物质 C-S-H 和 $Ca(OH)_2$。在蒸压条件下，脱硫干灰中的活性 SiO_2、盐泥中的 $CaCO_3$ 和水泥水化产生的 $Ca(OH)_2$ 生成配合物 $CaCO_3 \cdot Ca(OH)_2$、

$CaSiO_3 \cdot CaCO_3 \cdot Ca(OH)_2 \cdot nH_2O$ 等，形成的这些复盐就增加了固体之间的界面，同时也增加了蒸压砖中固相的含量，形成强度较高的骨架作用，有利于水泥石结构的形成，从而有利于强度的发展。

硅灰的加入进一步提高了蒸养砖的强度，主要源于微集料填充效应和后期的二次水化反应效应。水泥水化产生的 $Ca(OH)_2$ 可以激发硅灰的潜在活性，反应生成的水化硅酸钙凝胶能够提高砖坯的密实度，降低孔隙率，同时还改善了界面过渡区强度薄弱的不足。

$$Ca(OH)_2 + SiO_2 + H_2O \longrightarrow C\text{-}S\text{-}H(凝胶)$$

盐泥中的二水石膏和水泥中的 C_3A 反应形成钙矾石，钙矾石晶体的长大起到骨架连接的作用，有利于蒸养砖强度的提高。

$$3C_3A + 3(CaSO_4 \cdot 2H_2O) + 26H_2O \longrightarrow 3CaO \cdot Al_2O_3 \cdot 3CaSO_4 \cdot 32H_2O(钙矾石)$$

3.6　本章小结

利用盐泥废渣制备蒸养砖，固体废弃物得到资源化，既可以减少对天然资源的开发使用，也能够有效缓解和降低固体废弃物造成的安全隐患和环境污染。

（1）矿井一级盐泥的主要化学成分为 CaO、SO_3、Na_2O、MgO，主要物相为 $CaSO_4 \cdot 2H_2O$，含有 68.6% $CaSO_4 \cdot 2H_2O$、13.8% $CaCO_3$、8.6% $Mg(OH)_2$、7.8% $Ca(OH)_2$、1.2% $NaCl$（质量分数）。矿井一级盐泥：干法脱硫灰：河砂：水泥 = 40：20：30：10，硅灰掺量 7%，蒸养温度为 180℃，蒸养时间为 16h 时，制备的矿井一级盐泥蒸养砖性能较优，蒸养砖满足《蒸压粉煤灰砖》（JC/T 239—2014）标准中 MU15 等级要求。

（2）矿井混合盐泥的主要化学成分为 CaO、SO_3、Na_2O、MgO，主要物相为 $CaSO_4 \cdot 2H_2O$、$CaCO_3$、$NaCl$，含有 31.3% $CaSO_4 \cdot 2H_2O$、59.3% $CaCO_3$、3.54% $Mg(OH)_2$、3.6% $Ca(OH)_2$、2.3% $NaCl$（质量分数）。矿井混合盐泥：干法脱硫灰：河砂：水泥 = 40：20：30：10，硅灰掺量 7%，蒸养制度为 180℃/16h 时，蒸养砖满足《蒸压粉煤灰砖》（JC/T 239—2014）标准中 MU20 等级要求。蒸养制度为 180℃/24h 时，蒸养砖满足《蒸压粉煤灰砖》（JC/T 239—2014）标准中 MU25 等级要求。

参 考 文 献

[1] 周秀云，陈柳杨，陈侠，等 . 盐石膏制备硫酸钙晶须工艺研究 [J]. 盐业与化工，2012，41（7）：22~25.

[2] 李瑞宁，陈侠，陈丽芳，等 . 盐石膏激发机转晶过程中的粒度研究 [J]. 盐业与化工，2011，40（1）：7~10.

[3] 丁捷 . 2015 年中国盐业及两碱综述 [J]. 盐业与化工，2016，45（9）：1~5.

[4] 杨文俊，杨云，杨丽梅．"石灰 – 烟道气法"卤水净化之试验研究 [J]．中国井矿盐，2007，38（5）：29~31.

[5] 陈柳杨．盐石膏制备硫酸钙晶须工艺研究 [D]．天津：天津科技大学，2012.

[6] 谭艳霞，李沪萍，罗康碧，等．工业副产石膏制硫酸钙晶须的现状及应用 [J]．化工科技，2007，（3）：46~50.

[7] 娄红斌．浅析虹吸刮刀离心机在制盐石膏处理中的应用 [J]．盐业与化工，2009，38（1）：32~34.

[8] 王正心．综合利用盐石膏生产石膏建筑材料 [J]．井矿盐技术，1984，（4）：20~25.

[9] 王军峰．制盐石膏处理新设备使用的探索 [J]．中国井矿盐，2010，41（5）：11~13.

[10] 林永生．制盐石膏处理新工艺探索 [J]．中国井矿盐，2007，38（1）：37~40.

[11] 蔡丰礼，宋宗亭，张志华．用盐石膏代替天然石膏作水泥调凝剂的试验研究 [J]．水泥，1984，（4）：66~68.

[12] 蔡丰礼．利用高铝煤矸石和盐石膏低温烧制阿利特 – 硫铝酸盐水泥熟料的研究 [J]．水泥，2001，（6）：4~8.

[13] 管国兴，范茉萍．以盐石膏为原料的石膏粉生产及应用研究 [J]．江苏陶瓷，2002，（35）：30~33.

[14] 霍保民．石膏型卤水真空制盐母液处理新工艺 [J]．中国井矿盐，2013，（5）：6~8.

[15] 贾晓华，张永松，黄伟，等．盐石膏转晶与分离中试研究 [J]　盐科学与化工，2017，46（6）：50~52.

[16] 梁瑞云，张凤兰．盐石膏转化为建筑石膏和盐田石膏板的研究 [J]．海洋科学，1988，（3）：31~33.

[17] 符宇航，李红卫，刘平凡．盐石膏晶型转化及处理浅见 [J]．中国井矿盐，2007，38（2）：12~16.

[18] 马铭杰，朱丽．利用废渣盐石膏制作轻型墙体材料 [J]．环境工程，2006，24（5）：54~56.

[19] 陈宏刚，王向荣．石膏转化生产硫酸钾的研究 [J]．化肥工业，1996，23（6）：17~20.

[20] 卢芳仪，卢爱军．石膏综合利用的研究 [J]．化工矿物与加工，2008，（8）：4~6.

[21] 刘勇，崔益顺，王雪娟．制盐废石膏制备硫酸钙晶须 [J]．四川化工，2013，16（1）：1~4.

[22] 王胜春，王巍杰，周会珠．添加海盐石膏对水泥增强研究及预测模型 [J]．盐业与化工，2006，36（2）：24~27.

[23] 侯贵华，张长森．不同温度煅烧的石膏对水的影响的试验研究 [J]．水泥工程，1997，（6）：7~8.

[24] 陈侠，李瑞宁，陈丽芳，等．激发剂作用下的盐石膏废渣的水化过程 [J]．环境化学，2011，30（10）：1725~1730.

[25] 王雪阳．利用二水石膏制备粉刷石膏的研究 [D]．长沙：湖南大学，2011.

[26] Singh N B. The activation effect of K_2SO_4 on the hydration of gypsum anhydrite, $CaSO_4$ [J]. Journal of the American Ceramic Sociely, 2005, 88 (1): 196~201.

[27] Manjit S, Mridul G. Actrivation of gypsun anhydrite-slay mixtures [J]. Cement and Concrete Research, 1995, 25 (2): 332~338.

[28] 杨新亚, 喻德高, 王锦华. 硫酸钾对无水硫酸钙水化激发机理研究 [J]. 沈阳建筑大学学报 (自然科学报), 2008, 24 (1): 104~107.

[29] Pereira P, Evangelista L, Be Brito J. The Effect of Superplasticizers on The Mechanical Performance of Concrete made with Fine Recycled Concrete Aggregates [J]. Cement and Concrete Composites, 2012, 9 (34): 1044~1052.

[30] 徐剑, 艾辉, 彭素娇, 等. 粉煤灰对矿渣混凝土性能的改善 [J]. 科技咨询导报, 2007 (10): 62.

[31] 张芳, 马彦涛, 胡将军. 国内外火电厂烟气脱硫石膏的特点利用及处置 [J]. 粉煤灰综合利用, 2003(4): 50.

[32] 万莹莹, 李秋义, 轩书琴. 建筑垃圾和工业废渣生产蒸压砖的研究 [J]. 低温建筑技术, 2006(2): 18~20.

[33] Blance F, Garcia M P, Ayala J, et al. The effect of mechanic ally and chemically activated fly ashes on mortar properties [N]. Fuel, 2006, (85): 2018~2026.

[34] Zhu Z C, Xu L, Chen G A. Effect of different whiskers on the physical and tribological properties of non-metallic friction materials [J]. Materials & Design, 2011 (32): 54~61.

[35] Liu J Y, Reni L, Wei Q, et al. Fabrication and characterization of polycaprolactone/calcium sulfate whisker composites [J]. Express Polymer Letters, 2011 (5): 742~752.

[36] Dumazer G, Smith A, Lemarchand A. Master equation approach to gypsum needle crystallization [J]. Journal of Physics & Chemistry Part C, 2010, 114: 3830~3836.

[37] 张瀚之, 滕铁力, 王芳, 等. 浇筑成型轻质隔热砖体积密度的控制 [C] //第十三届全国耐火材料青年学术报告会暨2012年六省市金属 (冶金) 学会耐火材料学术交流会. 郑州, 2012.

[38] 李庆繁. "饱和系数" 在烧结砖中的应用及其机理探索 [J]. 墙体革新与建筑节能, 2013(3): 26~30.

[39] 李志新, 徐开东, 牛季收, 等. 硅酸盐水泥提高盐石膏性能及其机理 [J]. 硅酸盐通报, 2018, 37 (9): 3017~3020.

[40] 李书琴, 艾永平, 刘利军, 等. 半水石膏－矿渣胶凝材料力学性能及软化系数研究 [J]. 硅酸盐学报, 2011, 30 (3): 732~735.

[41] 洪丽, 梁建国, 程少辉, 等. 吸水率对蒸压粉煤灰砖耐水性的影响 [J]. 砖瓦. 2009, (2): 13~15.

[42] 高剑平, 潘景龙. 新旧混凝土结合面成为受力薄弱环节原因初探 [J]. 混凝土, 2000, (6): 44~46.

[43] 韩建国, 阎培渝. 低水胶比条件下含硅灰或/和粉煤灰的胶凝材料的水化放热特性 [J]. 铁道科学与工程学报, 2006, 3 (1): 70~74.

[44] 韩金荣. 轻质碳酸钙的应用及其发展前景 [J]. 石油化工应用, 2009, 28 (2): 4~5, 17.

[45] 颜鑫, 卢云峰. 轻质系列碳酸钙关键技术 [J] 化学工业出版社, 2016: 8~9.

[46] 陈杨. 聚乙烯透湿保鲜膜的研制及食品安全性评价 [D]. 天津：天津科技大学，2009.

[47] 汪家铭. 河南舞阳建设 12 万吨/年盐石膏综合利用项目 [J]. 四川化工，2013，(5)：53~53.

[48] 杨久俊，谢武，张磊，等. 粉煤灰－碱渣－水泥混合料砂浆的配制实验研究 [J]. 硅酸盐通报，2010，29 (5)：1211~1216.

[49] 李宇，王晴，滕涛. 碱渣粉煤灰免烧砖的研制及机理 [J]. 房材与应用，2000，28 (3)：24~26.

[50] 余强，曾俊杰，范志宏等. 偏高岭土和硅灰对混凝土性能影响的对比分析 [J]. 硅酸盐通报，2014，33 (12)：3134~3139.

[51] Shi C J, Robert L D. Early strength development and hydration of alkali-activated blast furnace slag/fly ash blends [J]. Advances in Cement Research, 1999, 11 (4): 189~196.

[52] Fraay A, Bijen J M, Vugelaar P. Cement-stabilized fly ash base courses [J]. Cement and Concrete Research, 1990, 12 (4): 279~291.

[53] 方军良，陆文雄，徐彩宣. 粉煤灰的活性激发技术及机理研究进展 [J]. 上海大学学报：自然科学版，2002，8 (3)：255~260.

4 污泥蒸养砖和烧结砖制备技术

4.1 污泥资源化背景与现状

4.1.1 污泥的研究背景与现状

随着我国城市化进程和国民经济的快速发展，扩建或新建的大型污水处理厂以及污泥排放量、堆存量逐年增加。污泥含有多种有机物和大量的水分含量，一般呈黄褐色、灰褐色或黑色，含有大量的有机污染物、多种虫卵、病原体等，并伴有刺激性气味。截至 2020 年 1 月，全国建成不同规模的污水处理厂 1 万多座，每天污泥产量约 6.1×10^7 t（含水 80%），并且大部分污泥未得到科学的处置和利用。我国现有污泥处理手段主要有焚烧（3%）、自然干化（6%）、堆肥（15%）、填埋（65%）等。污泥的无序排放或直接填埋，将会对水资源、土壤、大气造成污染，污泥的资源化成为研究热点。

杨雷等利用城市污泥烧制出超轻陶粒，污泥中大量的有机物可以调节轻质陶粒的烧胀系数。污泥进行脱水干化处理后可以作为部分原料制备普通烧结砖，污泥的加入有利于砖坯的成型，烧结砖的强度可以达到 MU10 等级。污泥高温焚烧后，灰渣颗粒形貌呈多孔状、不规则，具有一定的火山灰效应，活性达到粉煤灰的 50% ~ 60%，可以直接用作混凝土掺合料或水泥混合材。李大伟等以污泥和废陶瓷为原料，制得透水系数为 3.5×10 cm/s，抗压强度为 57.7MPa 的试样（试样尺寸 $\phi 7.5$ cm $\times 5$ cm）。裴会芳等以煤矸石和城市污泥为原料制备出抗压强度为 10.27MPa 和 4.44MPa 的烧结砖。蹇守卫等以污泥和页岩为原料，烧结出多孔污泥墙体材料，具有较好的节能效果。

国外学者在污泥制备烧结砖方面研究较早。Bernd 等把干燥后的污泥和黏土均匀混合，经 1000 ~ 1180℃制备出烧结砖。文献先将污泥焚烧成灰，再把污泥灰和黏土按不同配比混合，经 1000℃烧制成砖，掺入 10%（质量分数）污泥灰所制备的烧结砖强度大于纯黏土砖。Pinaki 等直接把湿污泥和黏土混合制备烧结砖，节约了干燥污泥的能耗，降低了成型的用水量，便于工业化生产。从经济性、环境安全和处理量等多个角度分析，利用煤矸石、污泥制备建筑材料是其处理中最为有效的途径之一。

4.1.2 建筑垃圾的研究背景与现状

熊飞等将城市建筑垃圾筛得到红砖块和混凝土块等建筑垃圾废弃物，按一定工艺再加工成不同大小粒径的颗粒和细粉。混凝土和红砖的颗粒和细分按不同比例混合，加入一些激发剂，按照一定的工艺流程压制出蒸养砖，可以制得 MU10 级标准的蒸养砖。

彭亮把旧水泥混凝土路面破碎成再生骨料，然后把再生骨料应用在路面基层和底层中，研究旧混凝土的基本特性，采用严格的生产技术和质量控制标准能够生产出符合要求的再生骨料。使用振动成型的方法，降低了材料内部破碎程度，也得到级配稳定的骨料。

陈强通过对水泥稳定碎石材料的回收利用，对现有水泥稳定碎石与原路面的物理性质进行了对比，讨论了其设计参数与道路用性能之间的内在关系，提出了相应抗开裂设计指标和水泥骨料的耐久性设计参数。李晓静对建筑垃圾进行研究，采用夯基实验和 7d 无侧限抗压强度实验，从理论上论证了建筑垃圾集料在道路铺装中的应用，并对其进行了初步的评估。

杨高强提出可将建筑垃圾中的粗集料分成三大类：Ⅰ类（纯混凝土块、碎石块加工而成的再生集料）取代 C30 ~ C40 混凝土的粗集料，其代替率必须控制在 50% 以下，并可以用来制造 C40 以下的混凝土路面砖；Ⅱ类（由红砖、混凝土块加工而成的再生集料）可以代替 C30 以下的混凝土粗集料，其代替率不超过 50%，可以用来制造 C30 以下的混凝土铺地砖和 MU15 以内的混凝土实心砖；Ⅲ类（用纯红砖生产的可回收集料）不宜在建筑和道路施工中使用。

马保国等人以建筑垃圾粉料、石灰等为原料制备墙体材料得出：以建筑垃圾等为原材料制备墙体材料可以获得满足强度、抗冻抗干缩等要求的产品。李浩通过研究建筑垃圾掺量对免烧砖性能影响发现，当建筑垃圾的掺量为 225 ~ 375kg/m³，试样的抗压强度降低幅度小，当建筑垃圾掺量为 375 ~ 600kg/m³ 时，试样的抗压强度降低幅度大。

4.1.3 煤矸石的研究背景与现状

煤矸石是煤炭开采和洗选过程中排出的固体废弃物，全国现存煤矸石山约 1500 座，煤矸石也是各种工业废渣中排放量最大的，这就造成了严重的生态环境破坏和资源的浪费。赵亚兵以煤矸石为主要原料，水泥为黏结剂制备出性能良好的多孔透水砖，通过调整工艺参数，可以制备出不同性能的透水砖，以满足不同用途之需。吴红以活化煤矸石为主要原料，辅以水泥、矿渣、砂子及外加剂制备活化煤矸石基免烧砖，其性能完全满足 MU15 标准要求。沈笑君以煤矸石为原料生产空心砖，利用一次码烧生产工艺，在技术上是可行的。李学军以煤矸石为主要原料制备免烧煤矸石透水砖，在最佳工艺参数煤矸石粒径为 4.75~9.5mm，煤矸石与水泥的质量比为 3:1，成型压力为 4MPa 下，所制备的透水砖性能最优，其透水系数为 2.34×10cm/s，劈裂抗拉强度为 1.4MPa。

以煤矸石为主要原料制备免烧结煤矸石透水煤矸石制砖既利用了其中的黏土矿物，又利用了热量，节约燃煤用量，实现制砖不用土，烧砖少耗煤或不耗煤，是大宗利用煤矸石的有效途径。

4.1.4 脱硫石膏的研究背景与现状

工业副产石膏是指工业生产中产生的以硫酸钙为主要成分的副产品或废渣，主要有脱硫石膏、盐石膏、磷石膏、钛石膏等。据《中国工业副产石膏市场深度调研与预测报告》数据显示：2018 年我国工业副产石膏产生量约 1.18 亿吨，综合利用率仅为 38%，工业副产石膏累积堆存量已经超过 3 亿吨。平顶山市作为以工矿业为主的资源型城市，火力发电和在经济结构中占有重要地位，由此产生了大量的脱硫石膏固体废弃物。工业副产石膏的大量堆积，不仅占用土地资源，同时还严重污染土壤，破坏生态环境。

针对工业副产石膏所带来的一系列经济和环境问题，我国出台了多项相关文件和方针政策。2016 年，国家发改委、科技部、工信部和环境部联合印发了关于《"十三五"节能环保产业发展规划》（国发［2016］65 号）的通知，要求积极开展源头减量，结构重构等关键技术，示范推广脱硫石膏、磷石膏、粉煤灰等工业废渣的高效无害化处理技术和资源化利用技术，开发以工业废渣为原料的高附加值产品和低成本利用技术。同年，工信部发布了《工业绿色发展规划（2016—2020 年）》（工信部规［2016］225 号），要求到"十三五"末工业副产石膏利用率要提高至 60%。2017 年，平顶山市也制定了《"十三五"节能减排综合工作方案》，要求加快推进全市工业副产石膏、粉煤灰、煤矸石等工业固体废弃物综合利用进程，到 2020 年，主要工业废物综合利用率达到 96%。

常见的工业副产石膏利用途径主要包括：（1）替代天然石膏作水泥缓凝剂，但石膏的用量在 3%~5%，消纳量十分有限；（2）制备硫酸联产水泥，该应用途径存在工艺过程复杂，能耗高、易污染环境等缺陷；（3）制备建筑石膏材料，需要首先进行加热脱水处理，能源消耗大，且制备的建筑石膏性能较差；（4）制作肥料、土壤改良剂等，但长期使用，易造成地下水污染。以上工业副产石膏的应用途径普遍存在石膏消纳量有限，消耗能源资源、易产生二次污染等问题，不利于工业副产石膏的规模化综合利用。因此，如何实现以工业副产石膏为主要原料制备墙体材料，加快脱硫石膏的大规模利用，仍然是该研究领域关注的重点问题。

4.1.5 铝矾土尾矿的研究背景与现状

铝矾土尾矿是氧化铝相关行业产生的固体废弃物。对铝矾土进行分选，将达不到要求的、氧化铝含量低但氧化铁含量高的铝矾土，称之为铝矾土尾矿。尽管我国氧化铝工业在不断地优化生产方法和制备工序，但最新的生产方法，即选矿－拜耳法新工艺也会产生约 20% 的铝矾土尾矿。铝矾土尾矿一般以自然堆积法储存于赤泥库和尾矿坝中，占用了大量厂房用地，对地下水源的安全造成威胁。同时，细颗粒的尾矿很容易形成扬尘，污染空气。因此，如何有效地处理和利用氧化铝工业的产出的尾矿，已经成为一项迫在眉睫的工作。

铝土矿尾矿堆存问题自铝土矿选矿工艺进入工业化生产开始就出现，不少学者也为消纳处置铝土矿尾矿做出贡献。目前消纳铝土矿尾矿的方式有利用铝土矿尾矿回收氧化铝资源、吸水材料、烧结砖、免烧砖。铝矾土尾矿用于制备建材是其有效利用的主要途径，但目前对此研究较少，尚无合适的利用途径。

4.2 利用污泥制备蒸养砖和烧结砖的技术路径

本书利用污泥、建筑垃圾、脱硫干灰、煤矸石、陶瓷废料、铝矾土尾矿等固体废弃物为原料，制备了蒸养砖、烧结砖、透水砖，并进行了相关性能的检测。

（1）原料的基本特性。对污泥、建筑垃圾、煤矸石、页岩、脱硫干灰等原料的化学成分、矿物组成、热学性质、粒度分布等基本性质进行研究，为这些固体废弃物的综合利用提供理论依据。

（2）以污泥、建筑垃圾、脱硫干灰为主要原料制备污泥蒸养砖。系统研究原料配比、成型工艺、养护工艺等因素对污泥－建筑垃圾蒸养砖强度、抗冻、碳化、干燥收缩等性能的影响；优化并建立适宜于污泥、建筑垃圾为主要原料的蒸养砖制备工艺技术。研究各原料之间的化学反应、微粒之间的界面反应，分析蒸养砖的强度来源机理，为污泥－建筑垃圾蒸养砖的制备与应用提供理论依据和技术指导。

（3）以污泥、煤矸石、页岩为原料制备污泥烧结砖。研究原料配比、烧结制度对污泥－煤矸石－页岩三元体系烧结砖强度、密度、吸水率、物相组成的影响；优化并建立适宜于污泥－煤矸石－页岩三元体系烧结砖制备工艺技术。研究各原料之间的化学反应、微粒之间的界面反应，分析烧结砖的强度来源机理，为污泥－煤矸石－页岩三元体系烧结砖的制备与应用提供理论依据和技术指导。

（4）以陶瓷废料、铝矾土尾矿、污泥为主要原料制备烧结透水砖。通过研究不同骨浆比、烧成温度、保温时间对烧结型透水砖抗压强度、透水系数等性能指标的影响，探讨污泥透水砖烧成机制，从而为污泥 – 陶瓷废料 – 铝矾土尾矿透水砖制备工艺的改进和污泥、陶瓷废料、铝矾土的有效利用提供参考。

利用建筑垃圾、污泥、脱硫干灰、煤矸石、陶瓷废料、铝矾土尾矿等固体废弃物制备标准砖和透水砖，固废得到资源化处理，不但减缓了对非再生资源的过度开发使用，也能够有效缓解和降低这些固废造成的安全隐患和环境污染，对于践行"两山"理念，建设美丽中国起到积极的作用。利用固体废弃物制备标准砖和透水砖，不但可以大幅度降低砖的生产成本，还能享受国家减税、免税的相关政策，对于促进产业结构优化、实现工业绿色发展、培育新的经济增长点具有重要意义。

4.3　实验原料和测试方法

实验所用污泥来自平顶山某造纸厂，加入生石灰脱水，经板框压滤、自然风干后含水率为 10.18%（105℃烘干至恒重），有机物含量 13.21%（550℃煅烧 1h 失重）；脱硫石膏为平顶山市某火电厂湿法烟气脱硫所形成的工业副产石膏；对建筑垃圾进行筛分处理，粒径小于 0.15mm 的为建筑垃圾微粉，粒径 0.15 ~ 4.75mm 为建筑垃圾再生骨料；铝矾土尾矿采用的是鲁山某矿区产生的废料，锤击敲碎后经球磨处理，过 0.15mm 方孔筛制得，松堆密度为 0.669g/mL；陶瓷废料则是采用瓷砖切割后的废料，经 PE60 × 100 颚式破碎机破碎制成粒径为 4.75 ~ 9.5mm 的颗粒，松堆密度为 0.868g/mL，紧堆密度为 0.988g/mL；脱硫干灰为平顶山市某火电厂干法脱硫工艺所得副产物；煤矸石来自平煤集团某矿区，破碎后，经 1.18mm 标准筛筛分，取筛下料待用；水泥为河南省大地水泥有限公司 P. O 42.5。

4.3.1　原料的化学成分

采用 PrimusⅡ X 射线荧光光谱仪对原料的化学成分进行分析，测试结果如表4.1 所示。

表 4.1　原料的化学成分（质量分数）　　　　　　（%）

原料	Na$_2$O	MgO	Al$_2$O$_3$	SiO$_2$	SO$_3$	K$_2$O	CaO	Fe$_2$O$_3$
污泥	0.307	1.4383	1.1448	1.5449	3.5773	0.1758	81.8523	8.2211
煤矸石	0.2706	0.9234	27.6332	54.5059	4.6691	2.7814	3.3562	4.3793
页岩	0.1688	0.9014	27.4694	63.1177	0.2005	2.7345	0.4544	3.4239
脱硫干灰	0.2782	1.7214	24.8425	38.0961	4.8630	1.3224	23.8532	3.2252
脱硫石膏	0.0678	0.5471	0.5344	1.7676	51.3749	0.1013	44.665	0.1917

原料	Na₂O	MgO	Al₂O₃	SiO₂	SO₃	K₂O	CaO	Fe₂O₃
建筑垃圾	1.1216	3.1754	13.8421	48.1432	1.3341	2.4393	23.9012	5.3221
铝矾土尾矿	0.295	0.267	44.54	37.77	0.26	4.39	0.35	8.27

4.3.2 原料的物相组成

采用 X 射线衍射仪（荷兰帕纳科，X Pert PRO MPD，电流为 40mA，管电压为 40kV，Cu 靶，扫描步长为 0.04°）对原料进行物相分析，结果如图 4.1～图 4.6 所示。煤矸石和页岩的主要物相为高岭土和 SiO_2。

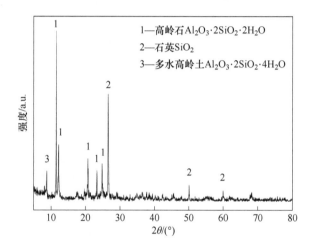

图 4.1 煤矸石 XRD 图谱

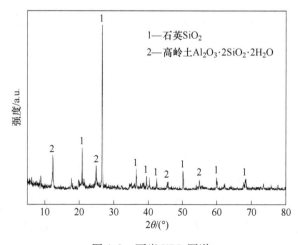

图 4.2 页岩 XRD 图谱

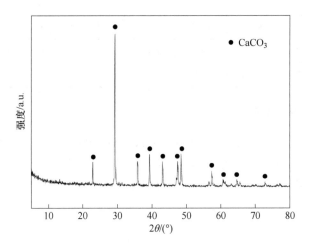

图 4.3　污泥 XRD 图谱

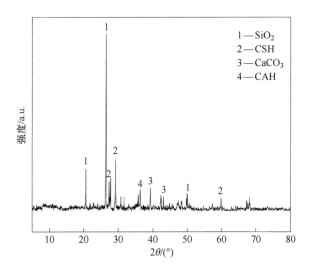

图 4.4　建筑垃圾 XRD 图谱

　　污泥中含有较多的 $CaCO_3$ 相，主要是污泥脱水时加入大量的石灰产生的；建筑垃圾微粉中含有较多的 SiO_2 及 $CaCO_3$ 和 C-S-H 物相，主要是混凝土中的砂石、水泥水化产物在破碎粉磨中产生的。

　　脱硫干灰中含有较多的活性 SiO_2 和 CaO，使其具有潜在的胶凝性；由标准图谱 PDF-21-0816、PDF-72-1937 和 PDF-02-0458 可知，脱硫石膏中除 $CaSO_4 \cdot 2H_2O$ 外，还含有一定量的 $CaCO_3$ 和 SiO_2。

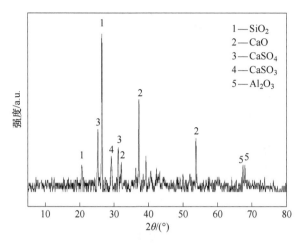

图 4.5　脱硫干灰 XRD 图谱

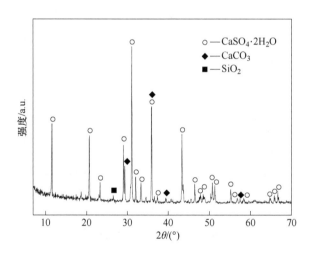

图 4.6　脱硫石膏 XRD 图谱

4.3.3　粒度分析

利用激光粒度分析仪（LS-900）分析原料的粒度组成，结果如图4.7、图 4.8 所示。污泥的粒径特征参数：$D_{10} = 0.15\mu m$，$D_{25} = 0.2\mu m$，$D_{50} = 8.74\mu m$，$D_{75} = 24.77\mu m$，$D_{90} = 45.49\mu m$。建筑垃圾微粉粒径特征参数：$D_{10} = 0.13\mu m$，$D_{25} = 0.17\mu m$，$D_{50} = 8.53\mu m$，$D_{75} = 27.08\mu m$，$D_{90} = 47.95\mu m$。

参照《建筑用砂》（GB/T 14684—2001）对建筑垃圾再生砂进行筛分试验。再生砂的细度模数为2.6，级配良好，见表4.2。

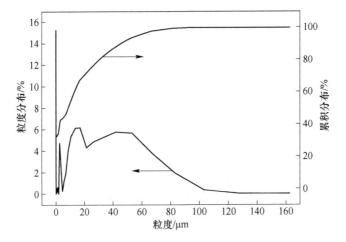

图 4.7 污泥的粒度分布

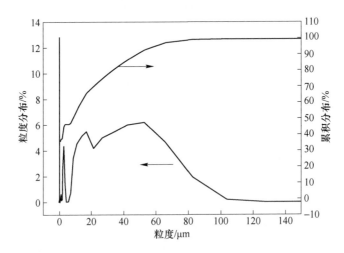

图 4.8 建筑垃圾微粉的粒度分布

表 4.2 建筑垃圾再生砂的颗粒级配

筛孔尺寸/mm	筛余量/g	分级筛余百分率/%	累计筛余百分率/%	细度模数
4.75	60	12.0	12.0	
2.36	87	17.4	29.4	
1.18	86	17.2	46.6	
0.6	63	12.6	59.2	2.62
0.3	62	12.4	71.6	
0.15	61	12.2	83.8	
<0.15	81	16.2	100	

4.3.4 差热 - 热重分析

采用 STA449F3 同步热分析仪对原料进行差热 - 热重分析。

污泥的差热 - 热重曲线如图 4.9 所示。20 ~ 200℃失重,主要是污泥中自由水分的蒸发;200 ~ 700℃失重,主要是结合水和污泥中有机物的去除;700 ~ 800℃出现明显失重,并伴随较大吸热量,主要是因为污泥中 $CaCO_3$ 的分解。

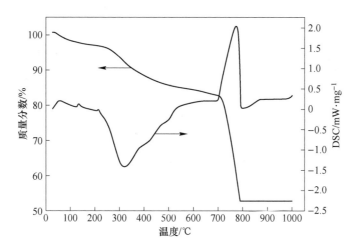

图 4.9　污泥的差热 - 热重曲线

煤矸石差热 - 热重曲线如图 4.10 所示。20 ~ 200℃,失重 0.92%,120℃出现吸热峰,主要是煤矸石少量自由水的蒸发;400 ~ 1000℃,失重 10.2%,主要是煤矸石本身含有高岭土和多水高岭土,在高温下开始发生分解反应,失去结合水。

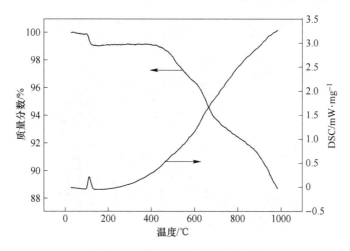

图 4.10　煤矸石差热 - 热重曲线

页岩差热－热重曲线如图 4.11 所示。20 ~ 300℃失重，并出现吸热峰，主要是页岩少量自由水的蒸发；400 ~ 700℃，主要是页岩中高岭土发生分解反应，失去结合水。

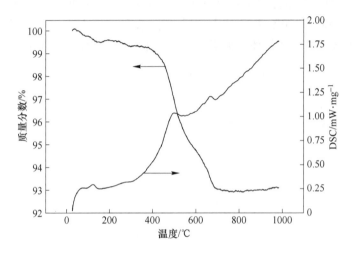

图 4.11　页岩差热－热重曲线

4.3.5　微观形貌分析

采用 FEI QUANTA 450 扫面电子显微镜（电压 25kV）对建筑垃圾微粉的表面形貌进行观察，结果如图 4.12 所示。可以看出，建筑垃圾微粉粒度不均、形状各异、表面粗糙不平、疏松多孔，这种结构有利于其活性的激发。

图 4.12　建筑垃圾微粉的 SEM 图

图 4.13 为脱硫石膏原料的 SEM 照片。由图 4.13 可知，原料中颗粒形貌多样，主要有板状、圆饼状、球状和不规则颗粒状。其中，板状颗粒呈较为规则的长方体，颗粒粒径相对较大，一般在 50μm 以上；圆饼状颗粒直径 30～50μm，厚度约 10μm，粒径分布比较均匀；球状颗粒粒径分布较宽，大颗粒直径约 20μm，小颗粒直径约 2μm，且小颗粒含量较多；不规则颗粒状粒径为 10～20μm，多为玻璃态物质。

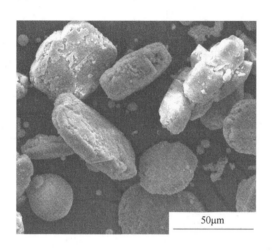

图 4.13　脱硫石膏的 SEM 图

4.3.6　测试方法

污泥蒸养砖和污泥烧结砖的尺寸和外观质量、抗压强度、抗折强度、抗冻、密度、碳化、干燥收缩等性能的测试方法参照《蒸压粉煤灰砖》（JC/T 239—2014）和《砌墙砖试验方法》（GB/T 2542—2012）。污泥透水砖的透水系数、抗压强度、抗折强度和抗劈裂强度根据《透水路面砖和透水路面板》（GB/T 25993—2010）和《透水砖》（JC/T 945—2005）进行测试。

4.4　污泥－建筑垃圾－脱硫干灰－脱硫石膏蒸养砖制备技术

4.4.1　污泥砖的制备

按表 4.3 称取各种原料，干料搅拌均匀后加入 14%（质量分数）的水继续混合 5min。将混合料倒入标准砖模具（53mm×115mm×240mm）中压制成型，加荷速率为 0.1MPa/s，成型压力为 15MPa，成型压力下保压 3min。成型的污泥砖坯经陈化后180℃蒸养24h，污泥砖制备工艺如图4.14所示。

表4.3　污泥砖原料配比（质量分数）　　　　　　（％）

序号	建筑垃圾微粉	建筑垃圾再生砂	污泥	水泥	脱硫干灰	脱硫石膏
A1	0	0	20	0	40	40
A2	15	50	15	0	10	10
A3	10	50	10	10	10	10
A4	10	40	15	15	10	10
A5	10	40	10	10	20	10
B1	10	50	20	10	10	—
B2	15	50	15	10	10	—
B3	20	50	10	10	10	—
B4	15	45	15	10	15	—
B5	15	45	10	10	20	—

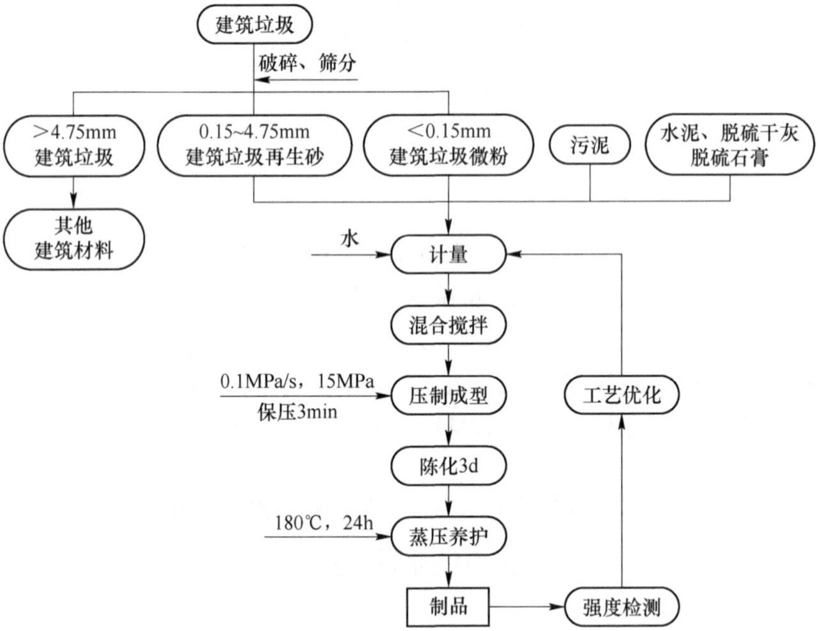

图4.14　污泥蒸养砖的制备工艺流程

将原料加入强制式搅拌机中搅拌混合，观察其混合效果，混合料颜色均一、无明显分层、无颗粒结块。混合均匀后把预先称量好的水加入干混的物料中，再次搅拌均匀，使物料与水分混合均匀，无黏聚、成球现象。将搅拌好的物料一次性倒入模具中，分两层加压，第一次加载至标准高度的 3/2 保压 1min，第二次加载至标准高度，保压 2min。

将砖坯侧立排放在蒸压釜中，砖坯间距不小于 20mm，如图 4.15 所示，摆放时应尽量避免因摩擦、碰撞而导致的缺棱掉角。加热方式为电加热，功率 30kW，升温过程为全功率加热至设计温度，升温时间约 2h，升温完毕后程序自动控制恒温，恒温结束后停止加热，当蒸压釜温度低于 50℃ 时开釜取出。

| (a) | (b) |

图 4.15　污泥砖蒸养
（a）污泥砖坯；（b）蒸压养护

4.4.2　污泥蒸养砖的外观质量

蒸养砖外观质量检测主要是检测砖是否出现裂纹、凸起、掉边等。污泥蒸养砖的尺寸偏差及外观质量如表 4.4 所示。

表 4.4　污泥蒸养砖的尺寸偏差及外观质量

序号	建筑垃圾微粉用量/%	建筑垃圾再生砂用量/%	污泥用量/%	水泥用量/%	脱硫干灰用量/%	脱硫石膏用量/%	尺寸偏差（长、宽、高）/mm	外观质量
A1	0	0	20	0	40	40	碎裂	碎裂
A2	15	50	15	0	10	10	≤1	无裂纹、无缺棱掉角
A3	10	50	10	10	10	10	≤1	无裂纹、无缺棱掉角
A4	10	40	15	10	15	10	≤1	无裂纹、无缺棱掉角
A5	10	40	10	10	20	10	≤1	无裂纹、无缺棱掉角
B1	10	50	20	10	10	—	≤1	无裂纹、无缺棱掉角

序号	建筑垃圾微粉用量/%	建筑垃圾再生砂用量/%	污泥用量/%	水泥用量/%	脱硫干灰用量/%	脱硫石膏用量/%	尺寸偏差（长、宽、高）/mm	外 观 质 量
B2	15	50	15	10	10	—	≤1	无裂纹、无缺棱掉角
B3	20	50	10	10	10	—	≤1	无裂纹、无缺棱掉角
B4	15	45	15	10	15	—	≤1	无裂纹、无缺棱掉角
B5	15	45	10	10	20	—	≤1	无裂纹、无缺棱掉角

污泥蒸养砖在蒸养前后的尺寸基本无变化，无缺棱掉角、开裂等现象且蒸养前后色差不明显，基本一致，满足免烧砖外观尺寸要求。

4.4.3 污泥蒸养砖的强度

采用建筑垃圾、污泥、脱硫干灰为主要原料，按照图4.14工艺流程制备污泥砖，强度和体积密度测试结果如表4.5所示。不添加水泥和建筑垃圾的A1试样压制后强度极低，无法完整脱模，出现明显掉角和裂纹。从表4.5中可以看出：（1）添加10%水泥，污泥蒸养砖的密度为1.69～1.73g/cm³，抗压强度为10.7～27.2MPa，抗折强度为3.2～4.7MPa，均达到MU10等级要求（《蒸压粉煤灰砖》（JC/T 239—2014）），其中A3、B1、B2达到MU10等级，A4、A5、B3达到MU15等级，B4达到MU20等级，B5达到MU25等级；（2）建筑垃圾用量为50%～70%，污泥用量10%～20%，固废总利用率高达90%，可制备出不同强度等级的蒸养砖，满足在多种工程中的应用；（3）从A3～A5、B3～B5可以看出，随着脱硫干灰掺量的增加，蒸养砖强度逐渐提高，脱硫干灰的潜在活性有利于提高蒸养砖的强度。

表4.5 污泥蒸养砖的强度和体积密度

序号	建筑垃圾微粉用量/%	建筑垃圾再生砂用量/%	污泥用量/%	水泥用量/%	脱硫干灰用量/%	脱硫石膏用量/%	抗折强度/MPa	抗压强度/MPa	体积密度/g·cm⁻³
A1	0	0	20	0	40	40	—	—	—
A2	15	50	15	0	10	10	0.5	1.9	1.68
A3	10	50	10	10	10	10	3.8	12.6	1.69
A4	10	40	15	10	15	10	4.1	16.8	1.72
A5	10	40	10	10	20	10	4.4	18.8	1.7
B1	10	50	20	10	10	—	3.2	10.7	1.69

序号	建筑垃圾微粉用量/%	建筑垃圾再生砂用量/%	污泥用量/%	水泥用量/%	脱硫干灰用量/%	脱硫石膏用量/%	抗折强度/MPa	抗压强度/MPa	体积密度/g·cm⁻³
B2	15	50	15	10	10	—	3.3	11.8	1.72
B3	20	50	10	10	10	—	3.9	17.1	1.7
B4	15	45	15	10	15	—	4.6	24.3	1.73
B5	15	45	10	10	20	—	4.7	27.2	1.72

4.4.4 强度来源机理

利用建筑垃圾、污泥、脱硫干灰为主要原料制备蒸养砖，其强度主要来自以下两个方面。

（1）压制成型时形成的初期强度。实验所用建筑垃圾再生砂的粒度为 0.15~4.75mm，建筑垃圾微粉 $D_{10}=0.13\mu m$、$D_{50}=8.53\mu m$、$D_{90}=47.95\mu m$，污泥 $D_{10}=0.15\mu m$、$D_{50}=8.74\mu m$、$D_{90}=45.49\mu m$，建筑垃圾和污泥组成良好的级配，具有较好的模具填充效应，压制成型过程中固体废弃物颗粒互相靠拢，随着成型压力的提高，污泥砖坯的密度逐渐增大，孔隙率减少，使砖坯具有一定的初期强度。达到成型压力 15MPa 时，进行保压，可排出粉料中的气体，防止污泥砖坯在成型后出现裂纹。

（2）蒸养过程中原料之间的物理化学反应进一步提高污泥砖的强度。水泥在 180℃ 蒸养时，迅速发生水化反应，生成 C-S-H 胶凝性物质和 $Ca(OH)_2$。$Ca(OH)_2$ 提高了污泥砖的碱度，建筑垃圾微粉中的 Al_2O_3、SiO_2 发生键位断裂，破坏了原有的网络聚合体结构，产生新的游离不饱和活性键，化学性质处于不稳定状态，有利于生成如水化硅酸钙和水化硅酸铝等胶凝类物质，提高污泥蒸养砖强度。脱硫干灰中含有较多的 CaO 和活性 SiO_2，CaO 水化后可以进一步提高碱度，活性 SiO_2 具有火山灰活性，碱度的提高可以激发脱硫干灰的潜在活性，使其发生水化反应，生成胶凝物质，进而提高污泥蒸压砖的强度。

4.4.5 显微形貌

通过三维视频显微镜对蒸养砖断面进行观察，如图 4.16 所示。从图中可以看出，蒸养砖内部结构较密实，再生砂与建筑垃圾微粉、脱硫干灰、水泥的水化物结合较为紧密。

4.4.6 蒸养砖的耐久性

按照《蒸压粉煤灰砖》(JC/T 239—2014) 对 A3、A4、A5、B1、B2、B3、B4、B5 污泥蒸养砖的耐久性进行检测，结果如表 4.6 所示。

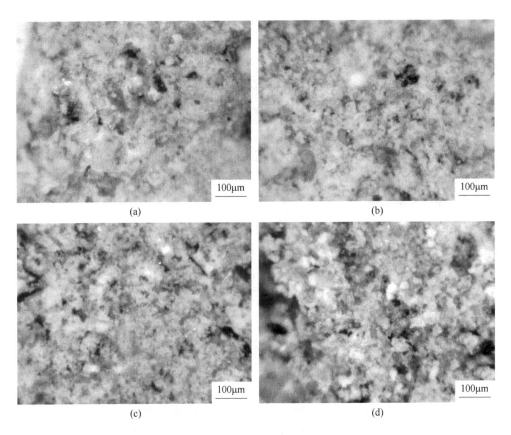

图 4.16　蒸养砖断面三维视频显微镜照片

（a）A4；（b）A5；（c）B4；（d）B5

表 4.6　蒸养砖的耐久性

组 号	抗 冻 性		碳化系数 /K_c	干燥收缩 /mm·m^{-1}	吸水率 /%
	抗压强度损失/%	质量损失/%			
国标值	≤25	≤5	≥0.85	≤0.5	≤20
A3	14.5	1.3	0.89	0.42	17
A4	14.8	1.5	0.89	0.43	16
A5	13.9	1.9	0.88	0.42	16
B1	14.4	1.8	0.86	0.44	17
B2	14.1	1.6	0.89	0.41	15
B3	15.2	1.8	0.87	0.41	16
B4	14.8	1.2	0.87	0.42	15
B5	13.7	1.5	0.87	0.45	15

由表 4.6 可以看出，A3、A4、A5、B1、B2、B3、B4、B5 蒸养砖的抗冻性、干燥收缩、碳化、吸水性能均满足对应国标要求。

4.5 污泥、煤矸石、页岩烧结砖制备技术

4.5.1 污泥-煤矸石-页岩烧结砖的制备

4.5.1.1 原料混合

煤矸石和页岩破碎后，经 1.18mm 标准筛筛分，取筛下料待用。破碎设备如图 4.17 所示。按照设计好的配比准确称量污泥砖所需的各种原料，将原料放入强制式搅拌机搅拌均匀，然后慢慢倒入称量好的水，搅拌至充分混合，搅拌设备如图 4.18 所示。检测混合料是否混合均匀的方法是观察混合后的颜色且没有出现分层、成团的现象，检验加水量是否合适的方法是看混合料握在手中能否团聚在一起，松开手混合物落在地上能否轻松散开。原料的配比及烧结制度如表 4.7 所示。

图 4.17 破碎设备

图 4.18 搅拌设备

表 4.7 原料配比和烧结制度

序号	煤矸石掺量(质量分数)/%	页岩掺量(质量分数)/%	污泥掺量(质量分数)/%	烧结制度
A1	60	30	10	950℃/6h
A2	60	30	10	1000℃/6h
A3	60	30	10	1050℃/6h
A4	60	30	10	1100℃/6h
B1	50	40	10	950℃/6h

序号	煤矸石掺量(质量分数)/%	页岩掺量(质量分数)/%	污泥掺量(质量分数)/%	烧结制度
B2	50	40	10	1000℃/6h
B3	50	40	10	1050℃/6h
B4	50	40	10	1100℃/6h
C1	40	50	10	950℃/6h
C2	40	50	10	1000℃/6h
C3	40	50	10	1050℃/6h
C4	40	50	10	1100℃/6h

4.5.1.2　砖坯的压制成型

将混合料装入金属模具中，用抹刀进行抹平和压实，保证成型后砖坯的外观质量。使用 TYE-3000 型电脑全自动压力机对混合料进行压制成型，加载速率为 0.1MPa/s，自动保载值为 200kN，保载时间为 180s，成型为标准砖尺寸 240mm × 115mm × 53mm。

4.5.1.3　污泥砖的烧结

将陈化后的砖坯放入马弗炉中，按照升温制度：20 ~ 600℃（2℃/min）、600 ~ 1100℃（5℃/min）进行加热升温，烧结时间：950℃/6h、1000℃/6h、1050℃/6h、1150℃/6h，进行烧结。烧结完成后，待炉温降到50℃以下时将砖取出，冷却至室温后进行性能测试。烧结砖制备工艺如图4.19所示。

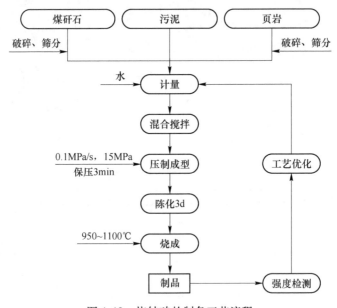

图 4.19　烧结砖的制备工艺流程

4.5.2 污泥烧结砖的外观质量

烧结砖外观质量检测主要是检测砖是否出现弯曲、杂质凸起高度、两条面高度差等。污泥烧结砖的尺寸偏差及外观质量如表4.8所示。烧结后的污泥砖如图4.20所示。

表4.8 污泥烧结砖的尺寸偏差及外观质量

序号	煤矸石掺量（质量分数）/%	页岩掺量（质量分数）/%	污泥掺量（质量分数）/%	烧结制度	两面高度差/mm	尺寸偏差（长、宽、高）/mm	弯曲/mm	凸起高度/mm	裂纹
A1	60	30	10	950℃/6h	≤2	≤1.5	≤2	≤2	无裂纹
A2	60	30	10	1000℃/6h	≤2	≤1.5	≤2	≤2	无裂纹
A3	60	30	10	1050℃/6h	≤2	≤1.5	≤2	≤2	无裂纹
A4	60	30	10	1100℃/6h	≤2	≤1.5	≤2	≤2	无裂纹
B1	50	40	10	950℃/6h	≤2	≤1.5	≤2	≤2	无裂纹
B2	50	40	10	1000℃/6h	≤2	≤1.5	≤2	≤2	无裂纹
B3	50	40	10	1050℃/6h	≤2	≤1.5	≤2	≤2	无裂纹
B4	50	40	10	1100℃/6h	≤2	≤1.5	≤2	≤2	无裂纹
C1	40	50	10	950℃/6h	≤2	≤1.5	≤2	≤2	无裂纹
C2	40	50	10	1000℃/6h	≤2	≤1.5	≤2	≤2	无裂纹
C3	40	50	10	1050℃/6h	≤2	≤1.5	≤2	≤2	无裂纹
C4	40	50	10	1100℃/6h	≤2	≤1.5	≤2	≤2	无裂纹

图4.20 污泥烧结砖外观形貌

4.5.3 煤矸石-页岩-污泥烧结砖的强度

以煤矸石、页岩和污泥为原料，按照图4.19工艺流程制备烧结砖，强度、密度、吸水率测试结果如表4.9所示。

表4.9 烧结砖的强度、体积密度

序号	煤矸石用量/%	页岩用量/%	污泥用量/%	烧结制度	抗压强度/MPa	体积密度/g·cm⁻³
A1	60	30	10	950℃/6h	4.7	1.62
A2	60	30	10	1000℃/6h	5.8	1.65
A3	60	30	10	1050℃/6h	6.5	1.65
A4	60	30	10	1100℃/6h	6.4	1.67
B1	50	40	10	950℃/6h	10.5	1.68
B2	50	40	10	1000℃/6h	11.7	1.67
B3	50	40	10	1050℃/6h	13.2	1.73
B4	50	40	10	1100℃/6h	13.3	1.75
C1	40	50	10	950℃/6h	12.8	1.76
C2	40	50	10	1000℃/6h	14.3	1.79
C3	40	50	10	1050℃/6h	16.6	1.84
C4	40	50	10	1100℃/6h	16.7	1.81

原料中煤矸石、页岩、污泥的比例不变时，在950～1050℃烧结，随着烧结温度的升高，烧结砖的强度明显增大；当烧结温度由1050℃升高至1100℃，砖的强度变化很小。烧结温度直接影响烧结砖的传质过程，随着温度的提高，固相传质的驱动力增大，扩散系数增大，会促进砖的致密化，提高其强度。固相传质基本结束后，继续提高温度对砖的强度贡献不大，甚至温度过高时会出现异常长大的晶粒，破坏整体结构的均匀性，不利于砖的强度发展。

烧结温度为1050℃时（A3、B3、C3），随着煤矸石含量的降低，页岩含量的增加，烧结砖的强度由6.5MPa增大到16.6MPa。

污泥用量10%、煤矸石用量40%～50%、页岩用量40%～50%，可以制备出强度达到《烧结普通砖》（GB/T 5101—2017）中MU10（B1～B4、C1、C2）和MU15（C3、C4）等级的烧结砖，密度为1.67～1.81g/cm³，吸水率为13%～16%，固废利用率不低于50%。

4.5.4 烧结砖的物相分析

利用煤矸石、页岩和污泥制备的烧结砖含有多种矿物相，不同的矿物性质直接影响着烧结砖的微观结构和性能。对1050℃/6h烧结的污泥砖进行XRD分析，结果如图4.21所示。由图4.21可知，烧结砖中的主要物相为SiO_2、钙长石$CaAl_2Si_2O_8$、Al_2O_3、$Ca_3Si_2O_7$等，对比原料物相组成，可以发现烧结过程中新生成了溶剂性物质——长石。长石可以与硅酸盐矿物形成低共熔物，促进黏土矿物及石英的熔化，进而形成少量的液相。产生的液相分布在烧结砖的内部，促使固相颗粒发生溶解－沉淀、滑移、重排等过程，改善了砖内部的孔结构，有利于强度的提高。

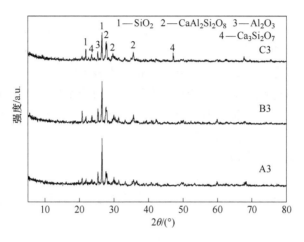

图 4.21　烧结砖的 XRD 图谱

4.5.5　烧结砖的耐久性

按照《烧结普通砖》（GB/T 5101—2017）对污泥烧结砖的耐久性进行检测，结果如表 4.10 所示。

表 4.10　污泥烧结砖的耐久性

序号	5h 煮沸吸水率/%	饱和系数	石灰爆裂（抗压强度损失）/MPa	泛霜
A1	17	0.7	4	轻微泛霜
A2	15	0.71	3	轻微泛霜
A3	14	0.69	4	轻微泛霜
A4	16	0.68	3	轻微泛霜
B1	15	0.67	2	轻微泛霜
B2	13	0.65	4	轻微泛霜
B3	14	0.63	3	轻微泛霜
B4	15	0.69	3	轻微泛霜
C1	15	0.67	3	轻微泛霜
C2	13	0.7	4	轻微泛霜
C3	13	0.65	2	轻微泛霜
C4	14	0.68	4	轻微泛霜

由表4.10可以看出，A1～A4、B1～B4、C1～C4烧结砖的抗风化（5h煮沸吸水率和饱和系数）、石灰爆裂、泛霜性能均满足对应国标要求。

4.6　污泥－铝矾土尾矿烧结透水砖制备技术

以铝矾土尾矿为主要胶结料制备烧结透水砖，借助透水混凝土的设计原理，协调浆骨比与透水率、强度的关系，并加入造纸污泥来改进烧成制度，以制备出在满足国家标准的条件下，性能优异、制备成本较低的城市人行道透水砖，从而扩展铝矾土尾矿和造纸污泥的综合利用途径，加快透水砖研究的发展。通过研究不同骨浆比、烧成温度、保温时间对烧结型透水砖抗压强度、透水系数等性能指标的影响，以及对铝矾土的物理化学性能分析和透水砖的组成、性能的分析，探讨污泥－铝矾土透水砖烧成机制，从而为污泥－铝矾土尾矿透水砖制备工艺的改进和污泥、铝矾土的有效利用提供参考。

（1）透水砖配合比的确立。通过调整骨浆比，协调强度和透水率的关系，并确定原材料组成比例范围。

（2）不同的烧成制度对透水砖性能的影响。研究烧成温度、保温时间与抗压强度的相关变化关系。

（3）污泥掺量对烧成制度及透水砖性能的影响。研究污泥掺量对透水砖烧成温度、保温时间、透水砖强度、透水性能和吸水性的影响，确定合适的煅烧温度和沼渣掺量，制备出符合要求的透水砖。

4.6.1　透水砖的制备

4.6.1.1　透水砖骨浆比的设计

本次试验的配料设计是参照透水混凝土的设计方法，骨料比从较大的3∶1开始，以0.5∶1为一个单位梯度，依次增加四次，直到骨浆比3∶2，配料如表4.11所示。

表4.11　透水砖配料设计表

骨　浆　比	废瓷砖骨料/g	尾矿/g
3∶2	1055.2	703.5
2∶1	1055.2	527.6
5∶2	1055.2	422.1
3∶1	1055.2	351.7

4.6.1.2　原料拌合

原料的拌合分两个步骤：首先是干混，使骨料与黏结料充分混合均匀；其次是湿混，按比例将物料放入 UJ2-15 立式搅拌机，先搅 1min 使其均匀，然后加入适量水搅拌 3min 后即可压制成型。当加入沼渣作为外加剂时，不能将沼渣与骨料及黏结料直接干混，如果沼渣与物料直接混合，加水后会出现物料过黏搅不开等现象，所以需要先将沼渣加水后于 NJ-160A 水泥净浆搅拌机中快搅 2min 使其搅拌均匀，再将沼渣浆倒入干料中搅拌 3min 后压制成型。

4.6.1.3　成型方式

由于本试验产品可直接用于生产，由资料显示，在目前国内的制砖厂中主要采用真空挤压法、压制成型法和振动成型法这三种成型方式成型。这几种方法各有优缺点。

（1）真空挤压法。这个方法要求比较高，它对骨料粒径有要求，骨料粒径不能过大，且它要求物料混合高度均匀。由于陶瓷骨料粒径为 4.75～9.5mm，达不到设备粒径要求，且该设备使用要求过高，实验室也没有该仪器，所以不考虑该方法。

（2）压制成型法。压制成型法就是将搅拌好的物料放入模具中，然后在压砖机上压制成型。通过压制出来的坯体是包括固、液、气的三相系统。在压制过程中，坯体中的相会随着压力的升高而发生变化，其中密度、致密度等方面都会升高。

（3）振动成型法。振动成型是在设备振动的情况下，将混合后的物料加入模具成型。振动成型容易使物料出现颗粒分布不均，空隙分布混乱，没有规律性。其在脱模时也不容易脱，所以不建议使用该种方法。

将上述三种方法进行对比，压制成型简单易操作且对物料要求不高，在设备方面实验室有万能压力试验机，所以选择该方法。

压制成型是骨料颗粒和黏结料在压力的作用下相互靠拢挤压，逐渐增加压力，骨料之间的摩擦力也逐渐增加，摩擦力增加到一定程度后，物料被压制成型。压制成型相对其他方法有很多优点，比如压制坯体易成型、坯体形状尺寸易操控、压制的尺寸精准等。

4.6.1.4　砖坯的干燥

在砖坯压制成型后，由于砖坯中含有大量的水，其强度是非常低的，用手可以直接掰断，且不能直接放入高温炉中烧制。当试件中含有少部分水时，在高温炉中烧制容易发生试件开裂，甚至在升温速率过快的情况下会发生试件炸裂，严重的情况下会导致烧结仪器的损坏。所以在试件烧制前进行干燥处理是至关重要的。

干燥处理主要是为了除去砖坯中的自由水和毛细管水，自由水非常容易除去，由于砖坯的表面和内部的水浓度不同，这就形成了一个浓度梯度，水分会一直从砖坯内部向外扩散，直到自由水被除尽。但毛细管水是很难除去的，它是吸附在物料的毛细管中，只有当坯体表面的温度高于水的沸点时才能将吸附水除去一部分。

干燥处理可以提高砖坯强度，由于实验室中的高温炉的炉膛相对较小，湿料如果直接放入炉内，因为其机械强度过低，很难操作，可能一块砖坯放入炉膛后就已经碎了一半了。干燥后的砖坯则不会出现这种状况，可能会出现一点掉渣，但绝不会出现砖坯破碎的情况。干燥处理还能缩短烧成周期，当砖坯处于干燥状态时，可以采用较快的升温制度，不会引起砖坯开裂等情况，还能减少烧成时间，节约能源。

本实验的具体干燥制度是将压制成型的试件放入 101A-4 型电热鼓风干燥箱中，在 (105 ± 3)℃下鼓风干燥 24h。

4.6.1.5 烧成制度

对于透水砖来说，透水砖的性能取决于原料和烧成制度。烧成制度包括烧成温度和保温时间，砖坯想要获得强度需要通过高温烧结，使其发生一系列物理化学反应。在合适的烧成温度内，配料颗粒会产生一定的熔融物，这些熔融物会填充颗粒间的空隙，使颗粒之间变得密实，其具有一定的黏结力，将各颗粒黏结起来，提高试件的抗压强度。当烧成温度较低时，试件烧制不完全即没有达到致密，烧成的透水砖试样强度较低，透水系数较大。当烧成温度较高时，会出现试件烧黑甚至出现严重开裂变形的状况。

保温时间同样对试件的性能存在影响。在其他条件相同的情况下，保温时间长的试件中的熔融物多于保温时间短的试件，保温时间长的试件中的液相填充试样中的气孔，气孔的孔径会逐渐变小，而保温时间短的试件中的气孔较多且气孔孔径较大。由于保温时间长的试件气孔比保温时间短的试件的气孔少，所以保温时间长的试件的抗压强度高于保温时间短的试件。

在准备实验阶段，按照骨浆比 2∶1 的比例经过拌制、压制成型及干燥后于不同烧成温度及保温时间下烧制成型，通过测定各个温度下的试件的抗压强度和形貌来断定烧结温度和保温时间的研究范围。

根据上述分析，透水砖的制备工艺流程如图 4.22 所示。

（1）将废瓷砖破碎，将破碎后的颗粒筛分，筛分出 4.75mm 粒径的备用骨料。

（2）将铝矾土尾矿和污泥破碎后，分别在球磨机中细磨至全部粉料能通过 15μm 标准筛。

（3）按骨浆比配料，将尾矿和骨料依序放入搅拌机中，在搅拌中慢慢倒入适量水，至搅拌均匀，拌合料不宜过稠或过稀。

（4）使用液压压砖机，采用压制成型得到砖坯试样，取砖坯置入 105℃烘箱烘干。

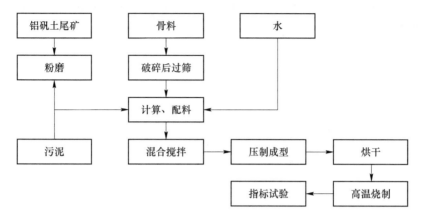

图4.22　透水砖工艺流程图

（5）从烘箱中取出砖坯后，小心地放入高温电阻炉中进行烧结，防止对砖坯的人为破损。

实验的烧成温度为 900℃、950℃、1000℃、1250℃、1200℃、1150℃、1100℃、1050℃，保温时间设定为 30min 和 1h。通过观察通过表面开裂、掉渣、收缩等情况，初步判断烧成效果。

4.6.2　不同工艺参数对透水砖性能的影响

4.6.2.1　烧成制度对透水砖性能的影响

选取骨浆比为 2∶1 的砖样，按照比例进行配料，搅拌混合物至均匀，使用压砖机压制成型、烘干后，分别在 1250℃、1200℃、1150℃、1100℃、1050℃下煅烧 30min。结果发现，当超过 1100℃时，过烧太过严重，砖面开裂严重，掉渣严重，收缩严重，强度值很低，如图 4.23 所示。

图4.23　烧成制度1100℃的过烧试块

因此,在 1050℃、1000℃、950℃、900℃进行烧成效果的研究,结果如图 4.24 所示。

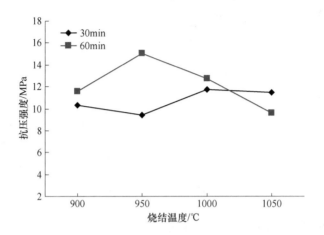

图 4.24　烧成制度 - 抗压强度关系

在未过烧的情况下(900~1000℃),烧结砖的抗压强度随着烧结温度的上升迅速上升,但在过烧后(如1050℃),抗压强度随着烧结温度的上升逐步下降,尾矿变黑且有白色粉末出现为过烧的明显现象。根据上述强度变化,可以确定合适的烧结温度为950℃。尾矿中的黏土矿物是一种铝硅酸盐矿物,且具有层状结构,在高温烧结条件下,其稳定的硅氧四面体和铝氧八面体结构的连接和配位会发生较大的改变,四面体与八面体共顶连接发生分离,成为无定形的铝氧八面体结构,这种结构中存在断键及活化点,形成偏高岭土。

同时,在未过烧的情况下,保温时间 1h 的抗压强度值都要大于保温时间 30min 的抗压强度值,因为延长烧结过程的保温时间,会使所用原料中的熔剂组分反应更加充分,促使颗粒之间连接更加牢固(如图 4.25 所示);当在1050℃保温 1h 时,发生过烧现象,使其抗压强度值小于保温时间 30min 的抗压强度值,因为砖体中熔剂组分的反应已经完全充分,保温时间越长,颗粒之间连接会被减弱。因此,在烧成温度为 900~1000℃,保温时间为 1h 较好。

4.6.2.2　骨浆比对透水砖性能的影响

改变骨浆比为 3:2、2:1、5:2、3:1,在 950℃下煅烧 60min 后,烧结砖的抗压强度、透水系数、保水性及吸水率如图 4.26~图 4.29 所示。

A　抗压强度

由图 4.26 可知,抗压强度与骨浆比呈负相关性,且在 2:1 和 5:2 之间变化极大,随后变化趋于缓和。抗压强度之所以出现这种变化,与烧结过程、颗粒堆积成孔方法、粉料填孔方法等有关。

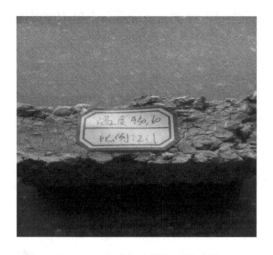

图 4.25　合适烧成制度下的砖块

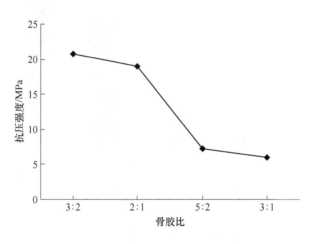

图 4.26　骨浆比－抗压强度关系

　　当温度超过砖坯中的一些低熔物质的熔点后，砖坯中尾矿一部分由固相变为液相，使砖坯中固相颗粒的移动和重排的进程加快，使颗粒更加致密化，也使砖体更加致密化；但液相量较少，不能完全填充颗粒间空隙，随着烧成温度的提高，液相量会继续增加，逐渐地填充剩余的空隙，砖坯会进一步致密，也提高了砖坯的抗压强度。

　　在上述烧结过程中，需要足量的胶结料，如果骨浆比过大，胶结料量过小，则没有适量的浆料填充到那些对抗压强度影响很大的颗粒孔隙中去，也没有足够的浆料包裹骨料，会严重影响整体的抗压强度；当胶结料达到适量时，这些颗粒孔隙都被完全填充，抗压强度才能达到最大值；在胶结料达到适量后，再增加胶结料的量，会影响到透水性。

以烧结砖的国家标准 MU10 的抗压强度值不低于 10MPa 为准，要舍去 5∶2和 3∶1 两种试样，符合标准的为 3∶2 和 2∶1 的砖样。

B　透水率

由图 4.27 可知，透水系数值和骨浆比呈正相关性，即骨浆比越大，则透水系数越大。废瓷砖骨料的颗粒堆积作用会产生大量连通的孔，这是透水砖的高透水率基本保证。本次设计选用的是单一粒级的堆积方式，即只有 4.75mm 粒径的骨料，在砖坯达到最佳烧结条件且烧结基本完成后，则废瓷砖颗粒相对含量对透水性的影响非常大。若砖样中掺入的废瓷砖相较于尾矿越多，就会增加孔数量，连通孔数量也会有所增长，这样也就增大了砖样的透水系数值，但也相应减小了抗压强度值。

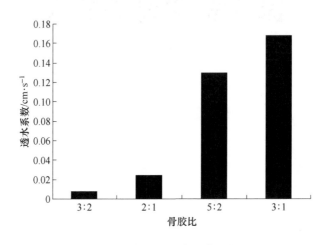

图 4.27　骨浆比 - 透水系数柱状图

由图 4.28 可以清楚地看出，透水砖的抗压强度值和透水系数值随骨浆比呈相反的趋势，骨浆比增大，砖块内部的连通孔数量增大，透水系性能更好，但会降低砖体的整体抗压强度。同时，抗压强度值和透水系数在骨浆比 2∶1 和 5∶2之间陡然上升或下降，且出现了一个交点，交点处骨浆比大约为 9∶4，抗压强度值为 12.5MPa，透水系数为 0.08cm/s。但因为该烧结型透水砖抗压强度较于透水系数很难得到较大提升，在优先选择何种性能时，毫无疑问，应该选择抗压强度较大，透水系数满足标准要求的透水砖，所以骨浆比在 2∶1 和 3∶2 之间相对合理，若选骨浆比 7∶4，抗压强度值达到 21MPa，透水系数也满足要求。

C　吸水率

由图 4.29 分析可知，砖体的吸水率和骨浆比呈正相关性，骨浆比越大，吸水率越大，其原因可做以下分析：透水砖中分为非连通孔和连通孔，非连通孔又包含密闭孔和非密闭孔，上下连通的大孔和封闭孔的数量和吸水率关系不大，但

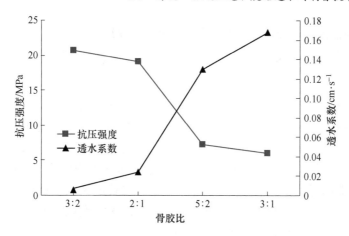

图 4.28 抗压强度－透水系数折线图

若连通的孔径较小时，会影响到水的通过，同时上下非连通孔的数量会明显影响到吸水率。

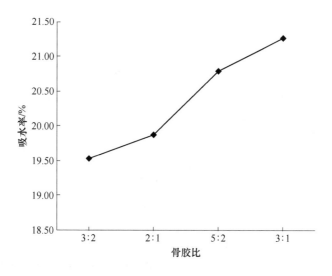

图 4.29 骨浆比－吸水率关系

相对本设计而言，胶结料中的孔隙是吸水的重要根源。骨浆比越大，所形成透水孔的孔径越大，透水孔中胶结料表面小孔隙总量越多，吸水率随之增大。

吸水率的大小会影响到透水砖的抗冻性。吸水率越大，则砖体的抗冻融能力越差，抗冻性越差；吸水率越小，则砖体的抗冻融能力越强，抗冻性越强。因此骨浆比 3∶2 和 2∶1 的透水率比骨浆比 5∶2 和 3∶1 的透水率要好，在需要考虑抗冻时，应优先考虑骨浆比较低的透水砖。

4.6.3 污泥掺量对烧成工艺参数和透水砖性能的影响

4.6.3.1 污泥掺量对烧成制度的影响

掺入污泥后，试块的抗压强度如图 4.30 ~ 图 4.32 所示。不同保温时间下，污泥掺量为 20% 的试件保温 60min 比保温 30min 抗压强度高，但在污泥掺量为 10% 时，在烧成温度为 900℃ 和 850℃ 下，保温时间 30min 的试件抗压强度高于保温时间 60min 的试件。污泥掺量为 30% 的试件，在抗压强度方面保温 30min 的试件几乎都大于保温 60min 的试件。然而，在本实验中污泥掺量 10% 和 30% 的试件却出现保温时间短的试块强度大于保温时间长的试块，这是因为保温时间 30min 时试件在测抗压强度时没有泡水 24h；从抗水浸泡性角度，污泥掺量 20% 的试块在保温时间 60min 的抗压强度更好。

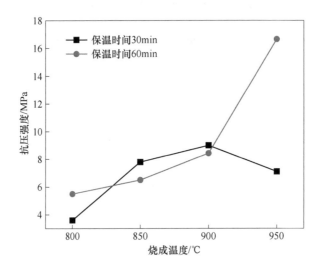

图 4.30　污泥掺量 10% 时各烧成温度下的强度

在不同烧成温度下，在保温时间为 30min 时，900℃ 下抗压强度最高。在保温时间为 60min 时，污泥掺量 10% 和 20% 在 950℃ 下烧成的抗压强度最高。这是因为烧成温度高于黏结料的始熔温度时，黏结料才能出现液相。温度低时，试块不能产生足够的液相，导致黏结力变差，但当试件产生过多的液相，导致试件变形，甚至会出现试件烧焦的情况。950℃ 下污泥掺量 30% 的试件的强度之所以低于 900℃ 的试件则是因为污泥掺量过多，出现过烧，并导致试件收缩开裂。

总体而言，当烧成温度为 950℃ 时，试件会出现焦黑变形情况。在烧成温度为 900℃ 时，得到很好的抗压强度，故选取 900℃ 为最佳烧成温度，保温时间为 60min。

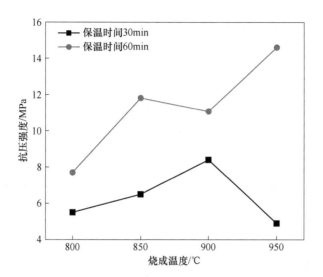

图 4.31 污泥掺量 20% 时各烧成温度下的强度

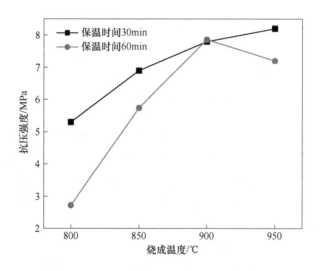

图 4.32 污泥掺量 30% 时各烧成温度下的强度

4.6.3.2 污泥掺量对透水系数的影响

掺入污泥后，透水系数的变化如图 4.33 所示。可以看出，试件的透水性是先下降后上升的。在不同的温度下，污泥掺量为 10% 的试件的透水系数最大，污泥掺量为 20% 的试件的透水系数最小，污泥掺量为 30% 的试件的透水系数相比于污泥掺量 20% 的试件是上升的。

污泥在试件的烧结时能够提供热值，降低试件的烧成温度。在烧成温度一定

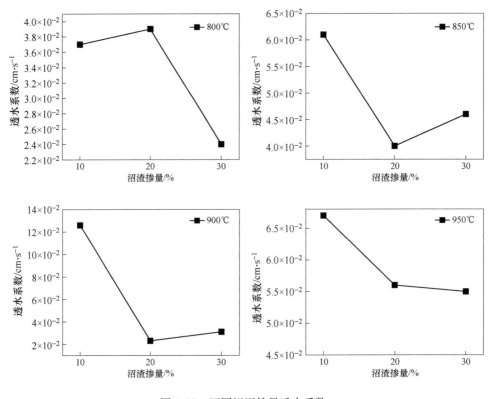

图4.33　不同污泥掺量透水系数

的条件下，随着污泥掺量的增多，其产生的热值就越多，黏结料能产生的液相就越多，烧成效果就越好，所以随着污泥掺量的增多透水系数是逐渐下降的。但污泥掺量30%的试件的透水系数高于污泥掺量20%的试件，这可能是随着液相量增加，同时胶结料的收缩率也在增加（这在高温煅烧已经发现），使连通孔径增加。

4.6.3.3　污泥掺量对吸水性的影响

掺入污泥后，吸水性如图4.34所示。随着掺入污泥量的增多，透水砖试件的吸水性是呈上升趋势的，且呈现出烧制温度越低，试件的吸水性就越大。本实验制备的透水砖的孔隙主要是由骨料堆积所产生的空隙，其次是污泥中有机质烧失所产生的孔隙。在相同温度下，吸水率随污泥掺量变化，是因为在相同温度下，污泥掺量多的试样烧失也越多，在胶结料上留下孔隙越多。至于烧成温度低的吸水性大可能是因为低温形成液相量少，对颗粒间隙填充效果差。

4.6.3.4　污泥与透水率和强度的关系

污泥与透水率及强度的关系如图4.35所示。透水系数和强度变化相对应，

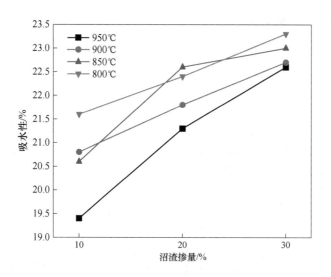

图 4.34 污泥不同掺量对吸水性的影响

强度越高和透水系数越小,其中在 900℃ 保温 60min 时,污泥掺量为 20% 的试件抗压强度最高,透水系数最小,但也符合标准要求。之所以出现这种情况是因为在 900℃ 下烧制时,试件能产生足够的液相,其填补了部分孔隙,使砖块的致密度上升,强度有保障,且透水系数与不加污泥的空白组相似。因此,合适配方为污泥掺量 20% 在 900℃ 60min 下烧制,可以制得抗压强度 11.07MPa,透水系数为 2.3×10^{-2} cm/s 的透水砖。

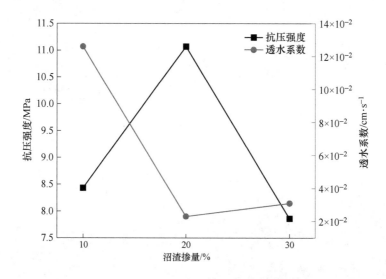

图 4.35 900℃/60min 污泥各掺量抗压与透水对比

4.6.4 透水砖工艺参数优化

从上面分析看出，虽然污泥掺入后降低了烧成温度50℃，但是由于引入较多孔隙，导致强度大幅度降低。因此，下面实验将减少污泥的掺量，综合上述考虑，污泥掺量为5%。下面将从烧成温度和制作压力来优化参数制备达到要求的透水砖。

4.6.4.1 烧成温度的影响

由于前面烧制的砖样为标准砖的1/4。随着砖样尺寸增加，烧制温度需相应增加。采用标准砖在不同温度900~1030℃下煅烧，砖烧制后的表面情况如图4.36所示。煅烧后，试样表面和芯体的颜色基本相同，但随着温度增加，砖的颜色由浅红→红色→暗红→土黑色，即砖由欠烧→正烧→过烧。因此，烧成温度在950℃相对较好。此外，如果试样干燥过快，将会造成试样表面产生一些细裂纹（如图4.36（h）所示）。当采用自然干燥2d后，再烘干可以消除上述现象。

(a)

(b)

(c)

(d)

(e)

(f)

(g) (h)

图 4.36 不同温度煅烧的透水砖

（a）未罩面处理的砖坯；（b）照面处理的砖坯；（c）不同温度烧的试样断面；（d）900℃煅烧；
（e）950℃煅烧；（f）1000℃煅烧；（g）1000℃煅烧；（h）试样表面微裂纹

4.6.4.2 成型压力的影响

砖坯的压实程度对砖的强度有重要的影响。采用成型压力 10 ~ 40kN，在 1030℃下煅烧 60min。烧制后按照透水砖的强度测试方法，先测试抗折强度，再测试半块砖的强度。不同成型压力下，砖的抗压和抗折强度如图 4.37 所示。随着成型压力增加，抗压强度逐渐增加，但是抗折强度在 20kN 达到最大。这是由于随着成型压力增加，坯体的密实度增加，但烧成的效果在降低，导致抗折强度有可能会降低，而成型施加预加应力导致抗压强度增加。因此，从抗折强度考虑，20kN 的成型压力比较合适。

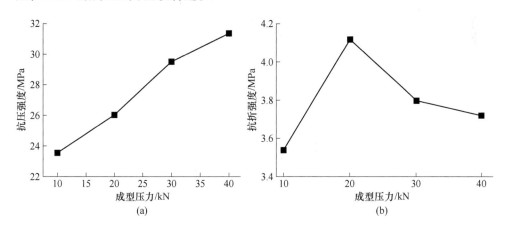

图 4.37 成型压力对烧结砖强度的影响

（a）抗压强度；（b）抗折强度

4.6.4.3 透水砖的性能检测

按照上述制度制备的砖坯和烧结后的透水砖如图 4.38 所示。透水系数试验装置如图 4.39 所示。

图 4.38 煅烧前后的透水砖

（a）砖坯；（b）煅烧后的砖

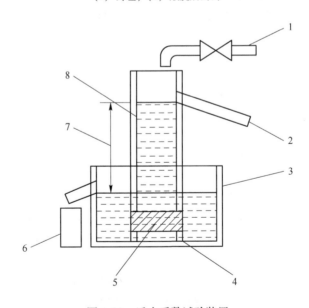

图 4.39 透水系数试验装置

1—供水系统；2—溢流口；3—溢流水槽（具有排水口并保持一定水位的水槽）；

4—支架；5—试样；6—量筒；7—水位差；8—透水圆筒

（具有溢流口并能保持一定水位的圆筒）

　　分别在三块产品上制取三个直径为 $\phi75mm$、厚度同产品厚度的圆柱体作为试样。用钢直尺测量圆柱体试样的直径（D）和厚度（L），分别测量两次，取平均值，精确至 0.1cm，计算试样的上表面面积（A）。将试样的四周用密封材料或其他方式密封好，使其不漏水，水仅从试样的上下表面进行渗透。待密封材料固化后，将试样放入真空装置，抽真空至 $(90\pm1)kPa$，并保持 30min。在保持真空的同时，加入足够的水将试样覆盖并使水位高出试样 10cm，停止抽真空，浸泡 20min，将其取出，装入透水系数试验装置，将试样与透水圆筒连接密封好。放入溢流水槽，打开供水阀门，使无气水进入容器中，等溢流水槽的溢流孔有水流出时，调整进水量，使透水圆筒保持一定的水位（约 150mm），待溢流水槽的溢流口和透水圆筒的溢流口流出水量稳定后，用量筒从出水口接水，记录 5min 流出的水量（Q），测量三次，取平均值。用钢直尺测量透水圆筒的水位与溢流水槽水位之差（H），精确至 0.1cm。用温度计测量试验中溢流水槽中水的温度（T），精确至 0.5℃。

　　透水系数按式（4.1）计算。

$$k_T = \frac{QL}{AHt} \tag{4.1}$$

式中，k_T 为水温为 T 时试样的透水系数，cm/s；Q 为时间 t 内的渗出水量，ml；L 为试样的厚度，cm；A 为试样的上表面面积，cm^2；H 为水位差，cm；t 为时间，s。

　　结果以三块试样的平均值表示，计算结果精确至 $1.0\times10^{-3}cm/s$。

　　本试验以 15℃ 水温为标准温度，标准温度下的透水系数应按式（4.2）计算。

$$k_{15} = k_T \frac{\eta_T}{\eta_{15}} \tag{4.2}$$

式中，k_T 为水温 T 时试样的透水系数，cm/s；k_{15} 为标准温度时试样的透水系数，cm/s；η_T 为 T 时水的动力黏滞系数，kPa·s；η_{15} 为 15℃ 时水的动力黏滞系数，kPa·s。

　　水的动力黏滞系数比 η_T/η_{15}，见表 4.12。

表 4.12　水的动力黏滞系数比 η_T/η_{15}

温度/℃	0	1	2	3	4	5	6	7	8	9
0	1.575	1.521	1.470	1.424	1.378	1.336	1.295	1.255	1.217	1.181
10	1.149	1.116	1.085	1.055	1.027	1.000	0.975	0.950	0.925	0.925
20	0.880	0.859	0.839	0.819	0.800	0.782	0.764	0.748	0.731	0.715
30	0.700	0.685	0.671	0.657	0.645	0.632	0.620	0.607	0.596	0.584
40	0.574	0.564	0.554	0.554	0.535	0.525	0.517	0.507	0.498	0.490

对 20kN 成型的砖坯在 1030℃下煅烧 60min 后各项性能如表 4.13 所示。抗折强度满足 R_f 3.5，劈裂抗拉强度满足 f_{ts} 3.5，透水性满足 A 级要求，抗冻性满足 D25 要求，耐磨性和防滑性也满足要求。

表 4.13　透水砖的实测性能

性能	抗折强度	劈裂抗拉强度	透水系数	抗冻性		磨坑长度	BPN
				质量损失	强度损失		
测试值	4.10MPa	4.05MPa	0.022cm/s	2%	6%	15mm	90
要求	≥3.5MPa	≥3.5MPa	≥0.02cm/s	5%	20%	≤35mm	≥60

4.7　本章小结

项目利用污泥、建筑垃圾、脱硫干灰、煤矸石、陶瓷废料、铝矾土尾矿等固体废弃物为原料，制备了蒸养砖、烧结砖、透水砖，并进行了相关性能的检测，主要结论如下。

（1）污泥的主要化学成分为 CaO、Fe_2O_3、SO_3，主要物相为 $CaCO_3$，有机物含量 13.21%，污泥粒径特征参数：$D_{10} = 0.15\mu m$，$D_{50} = 8.74\mu m$，$D_{90} = 45.49\mu m$。煤矸石和页岩的主要化学成分为 SiO_2、Al_2O_3、Fe_2O_3，主要物相为高岭土和 SiO_2。建筑垃圾微粉中含有较多的 SiO_2 及 $CaCO_3$ 和 C-S-H 物相，粒径特征参数：$D_{10} = 0.13\mu m$，$D_{25} = 0.17\mu m$，$D_{50} = 8.53\mu m$，$D_{75} = 27.08\mu m$，$D_{90} = 47.95\mu m$。脱硫石膏中除 $CaSO_4 \cdot 2H_2O$ 外，还含有一定量的 $CaCO_3$ 和 SiO_2。脱硫干灰中含有较多的活性 SiO_2 和 CaO，具有潜在的胶凝性，有利于蒸养砖强度的提高。污泥、建筑垃圾微粉、建筑垃圾再生砂可形成良好的颗粒堆积效应，可以提高蒸养砖的密度，有利于蒸养砖强度的提高。

（2）以建筑垃圾、污泥、脱硫干灰为主要原料，固废总利用率高达 90% 时，随着脱硫干灰掺量的增加，蒸养砖强度逐渐提高，可以制备出 MU10、MU15、MU20、MU25 等级的蒸养砖，蒸养砖的密度为 1.69 ~ 1.73g/cm³，可应用于隔断、承重墙砌筑等方面。利用污泥、建筑垃圾、脱硫干灰制备蒸压砖的较为合理的配比为：建筑垃圾 50% ~70%，污泥用量 10% ~20%，脱硫干灰 10% ~20%，水泥 10%。

良好的颗粒级配和合理的成型工艺提高了砖坯的初期强度；在蒸养作用下，脱硫干灰中的 CaO 提高了反应体系碱度和活性，进而促进了 $SiO_2 - CaO - H_2O$ 胶凝物质的生成，从而提高了污泥蒸压砖的强度。

（3）利用煤矸石、页岩和污泥制备的烧结砖中主要物相为 SiO_2、钙长石 $CaAl_2Si_2O_8$、Al_2O_3、$Ca_3Si_2O_7$，烧结过程中新生成了溶剂物质——长石，有利于烧结砖强度的提高。利用 10% 污泥、40% ~ 50% 煤矸石、40% ~ 50% 页岩，经 950 ~ 1100℃烧结 6h，可以制备出强度达到《烧结普通砖》(GB/T 5101—2017) 中 MU10 和 MU15 等级的烧结砖，密度为 1.67 ~ 1.81g/cm³，吸水率为 13% ~ 16%，固废利用率 50% ~ 60%。

利用煤矸石、页岩和污泥在 1050℃/6h 烧结制备的污泥砖，烧结过程中新生成了溶剂性物质——长石，生成的长石与硅酸盐矿物形成低共熔物，进而形成少量的液相，降低了烧结温度，提高了烧结砖的致密度和强度。

(4) 骨浆比对抗压强度和透水性产生了不同的影响，需要选择合适的骨浆比来保证强度和透水率，较高的压力和合适烧成温度有助于强度的提高，污泥的掺入，提供了热值和杂质离子，有助于降低烧成温度，但会影响到强度，需要控制合适的掺量。

采用 95% 的铝矾土尾矿和 5% 的污泥，在 20kN 成型的砖坯经 950℃煅烧 60min 后抗折强度达到 R_f 3.5，劈裂抗拉强度达到 f_{ts} 3.5，透水性满足 A 级要求，抗冻性满足 D25 要求，耐磨性和防滑性也满足要求，可以用于街道、公园等人行通道的铺设。

参 考 文 献

[1] 钱觉时，谢从波，谢小莉，等. 城市生活污水污泥建材利用现状与研究进展 [J]. 建筑材料学报，2014，17 (5)：829 ~ 836.

[2] 曹斌. 城市污泥的特性及资源化利用技术研究进展 [J]. 环境与发展，2020，(8)：104 ~ 106.

[3] 秦翠娟，李红军，钟学进. 我国污泥焚烧技术的比较与分析 [J]. 能源与环境，2011，(1)：52 ~ 55.

[4] 张诗华. 青霉素菌渣混合市政污泥好氧堆肥工艺效能研究 [D] 哈尔滨：哈尔滨工业大学，2016.

[5] 赵乐军，戴树桂，辜显华. 污泥填埋技术应用进展 [J]. 中国给水排水，2004，20 (4)：27 ~ 30.

[6] 杨雷，罗树琼，张印民. 利用城市污泥烧制页岩陶粒 [J]. 环境工程学报，2010，4 (5)：1177 ~ 1180.

[7] Weng C H, Lin D F, Chiang P C. Utilization of sludge as brick materials [J]. Advances in Environmental Research，2003，7 (3)：679 ~ 685.

[8] 林子增，孙克勤. 城市污泥为部分原料制备黏土烧结普通砖 [J]. 硅酸盐学报，2010，38 (10)：1963 ~ 1968.

[9] Pan S C, Tseng D H, Lee C H, et al. lnfluence of the fineness of sewage sludge ash on the mortar properties [J]. Cement and Concrete Research，2003，33 (11)：1749 ~ 1754.

[10] Monzo J, Paya J, Borrachero M V, et al. Reuse of sewage sludge ashes (SSA) in cement mixtures：The effect of SSA on the workability of Cengent mortars [J]. Waste Management,

2003, 23 (4): 373~381.

[11] 李大伟, 范海宏, 李玉祥, 等. 掺烧污泥的烧结透水砖制备及其性能研究 [J]. 非金属矿, 2020, 43 (3): 82~85.

[12] 裴会芳, 张长森, 陈景华. 城市污泥 – 煤矸石 – 稻壳制备轻质烧结砖的研究 [J]. 硅酸盐通报, 2015, 34 (2): 358~363.

[13] 蹇守卫, 何桂海, 马保国, 等. 干化污泥制备节能烧结墙体材料 [J]. 环境工程学报, 2016, 10 (7): 3793~3799.

[14] Bernd W. Carl F S. Utilization of sewage sludge ashes in the brick and tile Industry [J]. Water Science and Technology, 1997, 36 (11): 251~258.

[15] Morais L. C, Dweck J, Concalves E M. A case study of the ceramic matrix sintering of sewage sludge when fired at high temperatures [J]. Materials Science Forum., 2006, 530/531 (1): 734~739.

[16] Nagaharu O, Shiro T. Full scale application of manufacturing bricks from sewage [J]. Water Science and Technology, 1997, 36 (11): 243~250.

[17] Pinaki S, Nabajyoti S, Prakash C B. Bricks from petroleum effluent treatment plant sludge: properties and environmental characteristics [J]. Journal of Environmental Engineering, 2002, 128 (11): 1090~1094.

[18] 袁伟, 张善德, 丁来彬. C25 建筑垃圾多孔混凝土的试验研究 [J]. 砖瓦, 2018, (2): 26~29.

[19] 陈家珑. 我国建筑垃圾资源化利用现状与建议 [J]. 建设科技, 2014, (1): 9~12.

[20] 宿茹, 布晓进, 曹素改. 利用建筑垃圾制备保温型砌筑砂浆 [J]. 工业建筑, 2013, 43 (4): 115~117.

[21] 李慧. 我国建筑垃圾资源化发展问题分析 [J]. 价值工程, 2018, (34): 223~224

[22] 周文娟, 陈家珑, 路宏波. 我国建筑废弃物资源化现状及对策 [J]. 建筑技术, 2009, (8): 741~744.

[23] 熊飞, 王青峰, 王晓峰. 建筑垃圾制备蒸养砖 [J]. 福建建材, 2009, (2): 90~91.

[24] 彭亮. 再生骨料在水泥稳定碎石基层中的路用性能研究 [D]. 重庆: 重庆交通大学, 2017.

[25] 陈强. 基于旧水泥混凝土再生集料的耐久性半刚性基层性能及设计参数的应用研究 [D]. 广州: 华南理工大学, 2013.

[26] 李晓静. 建筑垃圾作为基层材料的轻交通量公路路面结构研究 [D]. 绵阳: 西南科技大学, 2016.

[27] 杨高强. 建筑垃圾在砌块中的应用 [J]. 砖瓦, 2019, (10): 72~76.

[28] 马保国, 蹇守卫, 郝先成, 等. 利用建筑垃圾制备新型高利废墙体砖 [J]. 新型建筑材料, 2006, (1): 1~3.

[29] Lee G C, Choi H B. Study on Interfacial Transition Zone Properties of Recycled Aggregate by MicroHard-ness Test [J]. Construction and Building Materials, 2013, (40): 455~460.

[30] Sami W Tabsh, Akmal S Abdelfatah. Influence of recycled concrete aggregates on strength properties of concrete [J]. Construction and Building Materials, 2009, 2 (23): 1163~1167.

[31] Khaleel H Younis, Kypros Pilakoutas. Strength prediction model and methods for improving recycled aggregate concrete [J]. Construction and Building Materials, 2013, (49): 688 ~ 701.

[32] Pereira P, Evangelista L, Be Brito J. The Effect of Superplasticizers on The Mechanical Performance of Concrete made with Fine Recycled Concrete Aggregates [J]. Cement and Concrete Composites, 2012, 9 (34): 1044 ~ 1052.

[33] Graeff A G, Pilakoutas K, Neocleous K, et al. Fatigue Resistance and Cracking Mechanism of Concrete Pavements Reinforced with Recycled Steel Fibres Recovered from Post-Consumertyres [J]. Engineering Structures, 2012, (45): 385 ~ 395.

[34] 姜鹏, 俞建长, 王嘉庆. 煤矸石微晶玻璃热处理工艺的研究 [J]. 福州大学学报 (自然科学版), 2004, 32 (1): 52 ~ 55.

[35] Feng He, Yu Fang, Junlin Xie, et al. Fabrication and Characterization of Glass-Ceramics Materials Developed from Steel Slag Waste [J]. Materials and Design, 2012, 42: 198 ~ 203.

[36] 赵亚兵, 张新朋, 吴楠, 等. 环保免烧结煤矸石透水砖的制备方法及其透水性能 [J]. 硅酸盐通报, 2014, 33 (12): 3255 ~ 3260.

[37] 吴红, 卢香宇, 罗忠竞, 等. 活化煤矸石免烧砖制备及机理分析 [J]. 非金属矿, 2018, 41 (1): 30 ~ 33.

[38] 沈笑君, 陈俊涛, 田成民. 利用露天矿煤矸石制空心砖可行性分析 [J]. 煤炭科学技术, 2004 (4): 72 ~ 74.

[39] 李学军, 李珠, 赵林, 等. 免烧结煤矸石透水砖的试验研究 [J]. 新型建筑材料, 2019, 46 (1): 72 ~ 74.

[40] 白泉. 《"十三五" 节能环保产业发展规划》解读 [N]. 中国能源报, 2017 – 01 – 23 (009).

[41] 工信部. 工业绿色发展规划 (2016 ~ 2020 年) [J]. 有色冶金节能, 2016, (5): 1 ~ 7.

[42] 岳琴. 磷石膏做水泥缓凝剂的改性工艺探究及其性能影响 [J]. 广东化工, 2017, 44 (11): 96 ~ 98.

[43] Caillahua M C, Moura F J. Technical feasibility for use of FGD gypsum as an additive setting time retarder for Portland cement [J]. Journal of materials research and technology, 2018, 7: 190 ~ 197.

[44] Islam G M S, Chowdhury F H, Raihan M T, et al. Effect of phosphogypsum on the properties of Portland cement [J]. Procedia engineering, 2017, 171: 744 ~ 751.

[45] Wang Y, Liu M, Sun H, et al. Preparation of sulfuric acid from phosphogypsum by ammonium-transferred method: Technical principle and process evaluation [J]. Chemical Industry and Engineering Progress, 2015, 34: 196 ~ 201.

[46] 鲍树涛. 工业副产石膏制硫酸联产水泥新技术进展 [J]. 硫酸工业, 2017, (2): 51 ~ 56.

[47] 刘显涛, 刘勇, 宁爱民, 等. 硬石膏制硫酸联产高贝利特水泥熟料技术的生产实践 [J]. 硫酸工业, 2015, (1): 26 ~ 29.

[48] 司政凯, 陈晓飞, 苏向东, 等. 脱硫石膏处理工艺对建筑石膏性能的影响规律 [J]. 新

型建筑材料, 2015, 42 (3): 8~11.

[49] Lei D Y, Guo L P, Sun W, et al. Study on properties of untreated FGD gypsum-based high-strength building materials [J]. Construction and Building Materials, 2017, 153: 765~773.

[50] Wang S J, Chen Q, Li Y, et al. Research on saline-alkali soil amelioration with FGD gypsum [J]. Resources, Conservation and Recycling, 2017, 121: 82~92.

[51] 许敬敬, 张乃明. 磷石膏的农业利用研究进展 [J]. 磷肥与复肥, 2017, 32 (9): 34~38.

[52] 童秋桃. 利用铝土矿浮选尾矿制备氧化铝和絮凝剂的研究 [D]. 长沙: 中南大学, 2013.

[53] 张伟. 铝土矿选尾矿制备复合吸水材料的研究 [J]. 新疆有色金属, 2017, 40 (4): 79~81.

[54] 谢武明, 楼匡宇, 张文治, 等. 铝土矿选尾矿制备烧结砖的试验研究 [J]. 新型建筑材料, 2013, 40 (7): 43~45.

[55] 汪洲. 利用尾矿制备免烧免蒸砖的试验研究 [D]. 长沙: 中南大学, 2014.

[56] Shi C J, Day R L. Early strength development and hydration of alkali-activated blast furnace slag/fly ash blends [J]. Advances in Cement Research, 1999, 11 (4): 189~196.

[57] 马保国, 蹇守卫, 郝先成, 等. 利用建筑垃圾制备新型高利废墙体砖 [J]. 新型建筑材料, 2006, (1): 1~3.

[58] 俞泠智, 刘卫东, 陈宁, 等. 污泥制烧结砖性能影响试验研究 [J]. 新型建筑材料, 2019, (6): 58~61.

5 镍渣免烧砖制备技术

5.1 镍渣利用现状和应用前景

镍是一种战略物资，被誉为"工业维生素"，其消费快速增加，由此导致大量镍渣产生，国内仅金川集团每年镍渣排放已超过 100 万吨，而其利用率极低，主要处置方式为简单堆存，堆积量已超过 1000 万吨。堆积的镍渣不仅占用大量的土地，而且破坏周边的生态环境，造成资源浪费。现如今，免烧免蒸砖具有耗能低，养护设备简单等特点，获得了较多的关注，将镍渣制备成新型的建筑材料具有很可观的发展前景。

水淬镍渣由 SiO_2、MgO、Fe_2O_3、Al_2O_3 和 CaO 组成，主要以玻璃态物质存在，仅含有少量的镁橄榄石和 SiO_2 结晶相，具有潜在的火山灰活性。为实现镍渣的资源化，国内外学者已展开了一定的探索性研究工作，主要集中在以下方面。

（1）镍渣有价组元的回收。师晓霞等以 NaF 为沉淀剂，在温度为 80℃、pH = 5~6、沉淀剂用量超过理论值的 50%，反应时间 1h 以上并静置 3h 的条件下，通过对镍渣母液中 Ca 和 Mg 杂质的去除，获得了纯度较高的硫酸镍制品，其回收率可达 98% 以上。倪文等采用还原焙烧工艺和磁选工艺，在 1300℃ 保温 2h 的条件下获得了铁品位 89.84% 铁精矿，其铁回收率达 93.21%。袁守谦等以铜选矿尾渣和镍熔融渣为原料，将铜选矿尾渣和碳质还原剂进行造块，在矿热炉中熔化还原，冶炼低牌号硅铁，再将热态的含硅铁水与热态的镍熔融渣兑入窑炉，并加石灰控制碱度，冶炼出还原铁水，提出了一种综合处理铜选矿尾渣和镍熔融渣的提铁炼钢工艺。

（2）利用镍渣制备微晶玻璃。Wang、Nobuyuki Imanishi 等以镍渣，高炉矿渣和石英砂混合物为原料制备了玻璃陶瓷，重点研究了微晶玻璃的结晶行为，研究认为：当基础玻璃在 700℃ 晶化时，开始形成球状的透辉石微晶相，升高晶化温度到 820℃ 时，开始形成柱状的钙铁辉石微晶相，在 860℃ 晶化时，最终形成透辉石和钙铁辉石微晶复合相。马明生等在通过热分析确定基础玻璃的热处理工艺的基础上，以 TiO_2 和 Cr_2O_3 为形核剂，利用修正的 Jonhson-Mehl-Avrami 公式计算了各基础玻璃样品的结晶活化能 E_a 和动力学参数 $k(T_p)$，利用 Augis-Bennett 公式计算了试样的晶化指数 n，研究了 TiO_2 和 Cr_2O_3 对镍渣微晶玻璃结晶过程的影响及其结晶动力学，制备了断裂强度为 130.65MPa，Vickers 硬度为 8.31GPa 的 Ca(Mg，Al，Ti，Cr)(Al，Si)$_2$O$_6$ 辉石微晶玻璃。南雪丽等也以 34% 的镍渣、28% 的粉煤灰为主要原料，并加入其他辅助剂采用熔融法制备了微晶玻璃。

（3）利用镍渣制备水泥混合材。段光福等对江西某矿红土镍渣的放射性、浸出毒性、火山灰活性、潜在水硬性等基本性质进行了研究，研究认为：镍矿炉渣浸出毒性和放射性远小于国家标准限值，不具危险性，可以作为建筑材料的原料使用并不会对环境造成危害；红土镍渣虽然含有较高的氧化镁，但其以稳定的橄榄石结构存在，并不会对水泥的压蒸安定性产生影响。倪文等采用还原焙烧工艺对镍渣中的铁组元进行了合理的回收，在此基础上，利用回收铁后的水淬二次镍渣为主要原料，以脱硫石膏、电石渣、硫酸钠、水泥等为激发剂，制备了 28d 抗压强度为 3.42MPa，抗折强度为 1.96MPa 的井下充填用胶凝材料，并初步探讨了激发剂的作用机理。刘玉峰在石灰石、湿粉煤灰、镍渣、硅石、铁矿石、石膏作原料煅烧水泥时，制备了 28d 强度在 60MPa 以上的水泥熟料，且稳定性较好；但该工艺对镍渣中 MgO 含量要求低于 13%，这使得大部分镍渣无法满足水泥熟料的要求。

此外，杨全兵等对镍渣的粉磨特性和活性进行了研究，并研究了其砂浆性能的影响；George Wang 等以空冷镍渣为集料，配制了公路混凝土，研究了其在混凝土中应用的可能性；唐天佼对镍渣取代建筑砂用于水泥混凝土进行了研究，降低了混凝土的生产成本。

（4）利用镍渣制备镍渣砖。汪洲将河砂、石灰、水泥、石膏和复合外加剂加进粉状煤炭灰中，生产出了强度有 31MPa 的工业废渣利用型免烧砖。相似的研究中，有人利用铅锌尾矿制造出了高 MU10 的工业废渣免烧砖，大致流程是先对铅锌尾矿进行特殊的预处理，然后再加入适量外加剂和水泥。李湘洲利用镍渣、水泥熟料、熟石灰、电石渣等原料制备镍渣蒸压制品，探索了成型压力、增强剂加入量、加水量和蒸养制度等因素对镍渣蒸压制品抗压强度的影响规律。结果表明，本试验合适的成型压力为 15~20MPa，增强剂的最佳加入量为 0.5%，合理的加水量为 8.57%~10.00%，最佳的蒸压养护温度为 180℃或 190℃，对应的蒸压养护时间为 8h 或 9h。此外，使用电石渣代替熟石灰利用相同工艺条件制备蒸压制品的抗压强度无明显差异。工业废渣免烧砖的好处很多，不仅生产成本底、吃渣多，而且尺寸更精准、棱角更整齐，抗压性高、密度大、吸水性小、耐久性大，还不需要烧结和蒸养。总之，产品质量不但不逊于烧结砖，有的甚至优于烧结砖。

根据上述分析可以发现，尽管目前对镍渣的综合利用已经有一定的研究，但尚处于起步阶段，仍然存在诸多问题，如以镍渣制备微晶玻璃或采用各种工艺对镍渣中有价组元进行回收，虽然可以提高镍渣利用的价值，但其利用率很小，难以实现镍渣的减量化，而且有价组元回收后仍然存在大量的废渣需要处置；而以镍渣为胶凝材料，取代部分水泥熟料所制备的胶凝材料或配制的混凝土，其强度较低，且随掺量的增加强度下降更加剧烈。为满足工程要求，镍渣掺量较低，其取代水泥的量在10%以下，难以实现镍渣的大量利用。

自建筑砌块"禁实""禁黏"以来，砌块市场上有较大空白需要填补，因此，以镍渣为主要原料制备镍渣砖，不仅符合国家可持续发展的政策要求，并享受税收减免的优惠政策，还具有广阔的应用市场。这对实现镍渣的资源化和保护环境具有重要意义。

5.2　镍渣球磨处理

实验所用镍渣为国内某镍业有限公司提供的水淬渣，用荧光分析法检测镍渣化学组成。其主要化学成分如表5.1所示。

表5.1　镍渣的化学组成

成　分	Al_2O_3	SiO_2	MgO	Fe_2O_3	Cr_2O_3	MnO_2	CaO	其他
含量(质量分数)/%	5.30	46.31	28.83	14.48	1.96	1.05	1.46	0.43

由表5.1可知，试验所用的镍渣主要化学组成为SiO_2、MgO、Fe_2O_3，镍渣具有一定的潜在水硬性，可以作为一种水泥活性混合材使用，为制备镍渣砖节约胶结料用量，降低成本。

5.2.1　球磨条件对镍渣球磨效果的影响

将镍渣置于球磨机中，同时加入适量的助磨剂进行球磨，以提高球磨效率；球磨后用80μm的方孔筛对磨料进行筛分，筛分结果以小于80μm的磨料（细镍渣）与80μm以上磨料（粗镍渣）之比作为球磨效果评定的依据。不同助磨条件下球磨结果如表5.2所示。

表5.2　不同助磨条件下球磨结果

助磨剂与用量/%		细料与粗料比（料球比1:8）		细料与粗料比（料球比1:16）		
		球磨30min	球磨40min	球磨20min	球磨30min	球磨40min
0		1:4.3	1:3.5	1:4.6	1:3.6	1:2.88
氯化铵	0.5	1:5.2				
	1.0	1:6.9				
	1.5	1:7.5				
EDTA	0.5	1:4.36				
	1.0	1:2.85				
	1.5	1:2.62				

助磨剂与用量 /%		细料与粗料比（料球比1∶8）		细料与粗料比（料球比1∶16）		
		球磨30min	球磨40min	球磨20min	球磨30min	球磨40min
水玻璃	0.5	1∶4.36				
	1.0	1∶2.55				
	1.5	1∶1.90	1∶1.52	1∶2.35	1∶1.5	1∶1.45
	2.0	1∶3.08				
三乙醇胺	0.5	1∶4.99				
	1.0	1∶2.02	1∶1.93	1∶2.58	1∶1.82	1∶1.75
	1.5	1∶4.02				

由表5.2可知，不加入球磨助剂时，球磨后细料含量比例较低，尽管在料球比1∶16，球磨40min时，可以提高细料的含量，但效果仍不理想。加入氯化铵后，球磨效果反而降低，且随着加入量的增加，降低越明显。加入EDTA后，虽有一定的助磨作用，但其助磨效果并不明显。加入水玻璃和三乙醇胺后，球磨后细料含量均有较大幅度的提高，相比之下，水玻璃助磨效果更加明显，且三乙醇胺为液态，磨料易于团聚，不利于后续工艺处理。因此，助磨剂选择水玻璃较为适宜。

此外，限于实验室设备功率较小，球磨效果变化并不明显，如采用大功率球磨设备时，在不改变其他球磨参数的情况下，磨料时间可进一步减少；或在不改变磨料时间的情况下，可以提高料球比。

5.2.2　球磨处理对镍渣基本特性的影响

图5.1是水淬渣球磨、筛分后试样照片。经球磨后，80μm以下细镍渣颜色呈灰色，与水泥颜色接近；而80μm以上粗镍渣颜色较深，呈黑色。由此可见，

(a)　　　　　　　　　　　　　　(b)

图5.1　水淬镍渣磨料外观形态

（a）细镍渣；（b）粗镍渣

球磨对镍渣的外观具有明显的影响。

对球磨后粗、细镍渣的表观密度进行测定，其结果如表5.3所示。经球磨处理后，粗镍渣的表观密度和堆积密度均大于细渣，粗、细镍渣表观密度与堆积密度的不同，可能与两者主要矿物组成不同有关。细镍渣含有较高的玻璃态物质，而粗镍渣含有相对多的结晶相物质。改善镍渣的孔隙含量与结构，提高其密度，对提高镍渣砖的密度和力学性能极为重要。

表5.3 球磨后粗、细镍渣的表观密度和堆积密度

项 目	粗镍渣	细镍渣
表观密度/$g \cdot cm^{-3}$	2.50	2.12
堆积密度/$g \cdot cm^{-3}$	2.13	0.70

为进一步研究球磨对镍渣的基本物理特性的影响，对球磨后镍渣进行了XRD和SEM分析，其结果分别如图5.2和图5.3所示。图5.2的XRD图谱表明：经球磨后，80μm以下细镍渣仍然以玻璃态物质为主，少量的结晶态物质是以SiO_2和辉石的形式存在。

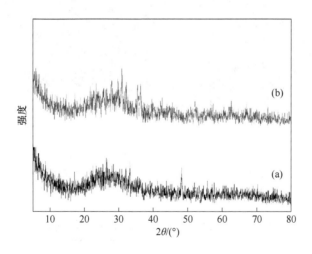

图5.2 球磨前、后镍渣 XRD 图谱

（a）镍渣原料；（b）球磨后粒径小于80μm细镍渣

图5.3和表5.4中细镍渣的能谱分析结果表明：细镍渣化学组成主要为Mg、Al和Si，均具有潜在的活性；然而，SEM照片表明：尽管镍渣经球磨后，颗粒粒径已经减小到与水泥所要求的颗粒粒径，但其表面致密，光洁坚硬，单单依靠球磨对其活化程度有限。

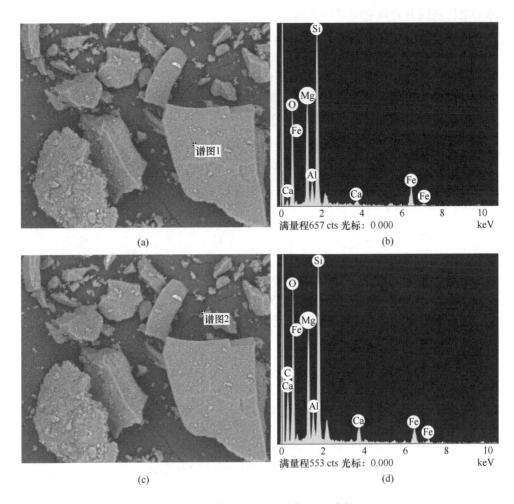

图 5.3　细镍渣 SEM 照片与 EDS 分析

（a）细镍渣中的粗颗粒 SEM；（b）细镍渣中的粗颗粒 EDS；

（c）细镍渣中的细颗粒 SEM；（d）细镍渣中的细颗粒 EDS

表 5.4　细镍渣不同粒径颗粒的 EDS 分析结果

元　素		O	Mg	Ca	Al	Si	Fe	C
含量/%	图谱 1	41.05	15.63	0.93	4.48	22.16	10.52	—
	图谱 2	49.90	13.56	2.99	3.24	22.63	6.71	0.97

　　为实现镍渣在免烧砖和混凝土中的应用，参照建筑用砂标准对粗镍渣的颗粒级配与粗细程度进行了筛分析试验，其结果如表 5.5 所示。粗镍渣粒径主要分布于 2.18mm 以下，其细度模数 $M_x = 1.5$，颗粒较细。

表 5.5 粗镍矿渣的筛分试验

筛孔尺寸/mm	筛余量/g	筛余率/%	累计筛余率/%	细度模数
9.50	0	0	0	
4.75	0	0	0	
2.36	0	0	0	
2.18	58.3	11.71	11.71	1.5
0.60	67.00	14.46	25.17	
0.30	103.2	20.33	45.50	
0.15	103.50	20.79	66.29	
0.15 以下	167.80	33.56	99.85	

5.3 镍渣水泥基胶凝材料制备技术

尽管目前对镍渣的资源化已经有一定的研究，但尚处于起步阶段，镍渣的利用率不高，且不同产地镍渣化学组成、性质存在差异，导致其预处理工艺有所不同；尤其在水泥混合材中应用时，对水泥的物理力学性质产生不同影响，从而影响了其在水泥工业中的利用。当前我国基础设施建设仍处于较为旺盛阶段，水泥消耗量巨大。如能加大镍渣在水泥中的用量，不仅可以实现镍渣的资源化，还可以降低水泥的生产成本。鉴于此，在对镍渣进行球磨、筛分、陈化等预处理的基础上，等量取代水泥熟料，经二次球磨后制备镍渣水泥，重点研究镍渣掺量对水泥基本性能的影响，以制备性能指标符合水泥标准的镍渣水泥，提高镍渣的利用率。

5.3.1 镍渣水泥的制备

所用水泥熟料为河南大地水泥有限公司所生产的硅酸盐水泥熟料，标准砂、$CaSO_4 \cdot 2H_2O$ 均为市售。将镍渣置于球磨机中，在料球比为 1:8 的条件下球磨 $15 \sim 25min$，然后以 $80\mu m$ 的方孔筛进行筛分，以粒径小于 $80\mu m$ 的镍渣代替部分水泥熟料。将球磨、筛分后的镍渣经陈化处理后，与水泥熟料、$CaSO_4 \cdot 2H_2O$ 经二次球磨混合均匀，即可获得镍渣水泥。镍渣水泥的标准稠度用水量、凝结时间、安定性检测参照《水泥标准稠度用水量、凝结时间、安定性检验方法》（GB 1346—2011）执行。

对于不同镍渣掺量的水泥，其胶砂试样的制备及力学性能检测参照《水泥胶砂强度检验方法（ISO 法）》（GB/T 17671—1999）进行。不同掺量的镍渣水泥胶砂试样各原料用量如表 5.6 所示，其中，镍渣掺量分别为水泥熟料质量的 0%、10%、20% 和 30%。

表 5.6　镍渣水泥胶砂配比

材 料 组 成	质量/g			
标准砂	1350	1350	1350	1350
水泥熟料	450	405	360	315
镍渣	0	45	90	135
$CaSO_4 \cdot 2H_2O$	22.5	20.3	18.0	15.6

5.3.2　镍渣掺量对水泥性能的影响

5.3.2.1　镍渣掺量对水泥细度的影响

根据 GB/T 1345—2005 水泥细度检测方法，本实验采用 $45\mu m$ 方孔标准筛，规定筛余不大于 30% 为合格，所测数据如表 5.7 所示。

表 5.7　镍渣水泥细度

镍渣掺量/%	负压筛上水泥质量/g		筛余百分数/%
	负压筛析前/g	负压筛析后/g	
0	10	0.6	6
10	10	1.5	15
20	10	2.0	20
30	10	2.3	23

由表 5.7 中数据可知水泥的细度随镍渣掺量增多而变大，主要原因为镍渣细度大于水泥细度，因此镍渣掺量越大，水泥细度也变大。

5.3.2.2　镍渣掺量对水泥标准稠度用水量的影响

图 5.4 为不同掺量下镍渣水泥的标准稠度用水量变化曲线。由图 5.4 可知，随着镍渣掺量的增加，镍渣水泥的标准稠度用水量呈先降低后增加，并逐渐趋于稳定的变化趋势，且其均小于不加镍渣时的标准稠度用水量。在矿物掺合料对混凝土用水量的影响研究中发现，矿渣微粉、超细粉煤灰均含有一定的玻璃态物质，具有一定的减水作用。镍渣粉末主要以玻璃态存在，与水泥熟料相比，尽管其具有潜在活性，但水化速度缓慢，在水泥加水后的较短时间内难以发生水化，而是以微集料的形式存在，均匀分布在水泥颗粒之间，使水泥颗粒水化时难以形成絮凝体，并释放出絮凝体中包裹的水，从而起到了矿物减水剂的作用，降低了水泥的标准稠度用水量。

5.3.2.3　镍渣掺量对水泥凝结时间的影响

图 5.5 为镍渣掺量对水泥凝结时间的影响。随镍渣掺量的增加，水泥的初凝

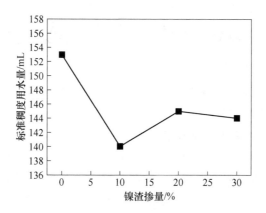

图5.4 镍渣掺量对水泥标准稠度用水量的影响

时间、终凝时间均先增长后缩短，且变化趋势大致相同；在掺量为20%时，初凝时间、终凝时间均达最大值。这是因为镍渣活性远低于水泥，一方面自身水化速度缓慢，短时间内难以形成胶凝材料而凝结硬化；另一方面，镍渣颗粒均匀分布在水泥颗粒中，水泥水化后产生的胶凝材料首先要包裹分布在其间的镍渣颗粒，然后才能逐渐连接形成一体，这使得水泥的初凝时间、终凝时间均有所增加。然而，随着镍渣掺量的继续增加，其矿物减水作用得以加强，而水泥熟料用量进一步减少，水化速度加快，与镍渣颗粒更容易胶结为一体，使得水泥的凝结时间又逐渐缩短。因此，镍渣掺量对水泥的凝结时间有明显的影响，尤其是终凝时间；但对镍渣掺量为0~30%的水泥，其初凝时间、终凝时间均满足水泥技术标准的要求。

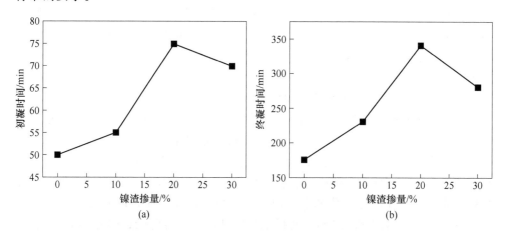

图5.5 镍渣掺量对水泥凝结时间的影响

（a）初凝时间；（b）终凝时间

5.3.2.4　镍渣掺量对水泥体积安定性的影响

表 5.8 为不同镍渣掺量对水泥安定性的影响。由表 5.8 可知，当镍渣掺量小于 20% 时，随镍渣掺量增加，镍渣水泥的体积安定性良好，并有改善的趋势；但进一步增加镍渣掺量到 30%，其体积安定性不良。由表 5.1 镍渣的化学组成可知，镍渣的铁含量较高，而铝含量较低。向水泥熟料中加入镍渣，水泥水化后产生的 Ca 与镍渣表面的活性 SiO_2 和 Al_2O_3 发生反应，生成 C-S-H 和 C-A-H 凝胶，使得溶液中 OH^- 浓度增加，镍渣中以玻璃态存在的铁、镁解聚速度加快，形成较多的 Fe^{3+}、Fe^{2+} 与 Mg^{2+}，与 OH^- 反应生成 $Fe(OH)_3$、$Fe(OH)_2$ 和 $Mg(OH)_2$，进而生成钙矾石填充到水化产物中，从而改善了水泥的体积安定性。

表 5.8　镍渣水泥的体积安定性

镍渣掺量 /%	雷氏夹指针初始读数 A/mm	雷氏夹指针最终读数 C/mm	差值 $C\text{-}A$ /mm	平均值 /mm	体积安定性
0	11.5	15.5	4	4.5	良好
	12.0	17.0	5		
10	12.0	15.5	3.5	3.5	良好
	12.5	16.0	3.5		
20	12.5	15.5	3.0	3.0	良好
	12.5	15.5	3.0		
30	12.0	17.0	5.0	5.5	不良
	12.5	18.5	6.0		

然而，随镍渣用量的增加，由镍渣中解聚的 Fe^{3+}、Fe^{2+} 与 Mg^{2+} 迅速增加；同时，水泥熟料用量的减少，使得水泥水化后产生的 $Ca(OH)_2$ 含量降低，钙矾石的生成量减少，导致 $Fe(OH)_3$、$Fe(OH)_2$ 和 $Mg(OH)_2$ 发生过饱和析晶而体积膨胀。这可能是镍渣掺量为 30% 时水泥体积安定性不良的原因所在。这与文献报道的研究结果有所差异，尚需进一步探讨。

5.3.2.5　镍渣掺量对水泥胶砂强度的影响

图 5.6 为不同镍渣掺量对水泥胶砂强度的影响。随镍渣掺量的增加，水泥胶砂试块的强度不断降低，尤其是 3d 时的强度明显降低；但随着龄期的延长，其强度明显提高，尤其是抗折强度，几乎与不加镍渣时相当。由于镍渣粉末主要以玻璃态存在，只有在水泥熟料发生水化反应后所形成的碱性环境中，其潜在活性才能得以激发。在水泥水化初期，镍渣难以发生水化，而是以微集料的形式存在，均匀分布在水泥颗粒之间，使得水泥胶砂试块强度降低；随着龄期的延长，Ca 与镍渣表面的活性 SiO_2 和 Al_2O_3 反应生成 C-S-H 和 C-A-H 凝胶不断进行，使得试块强度又有所提高。

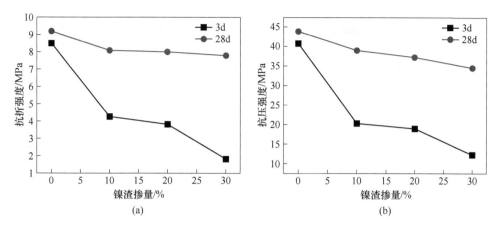

图 5.6　镍渣掺量对水泥胶砂强度的影响

（a）抗折强度；（b）抗压强度

此外，在镍渣中可能存在部分由 Al^{3+} 替代 Si^{4+} 而形成的比 $[SiO_4]^{4-}$ 四面体具有更高活性的 $[AlO_4]^{5-}$ 铝氧四面体和比四配位体活性更高的"六配位体"，以及在网络空隙中活性很高的 AlO^+ 复合离子。这也是镍渣具有潜在活性，后期强度下降较小的原因。

5.4　镍渣免烧免蒸砖制备技术

目前，混凝土砖强度多为中低强度等级，使得其砌体强度也相对较低。虽然利用镍渣制备免烧砖也有一定的研究，但制备的免烧砖也为中低强度。这使得混凝土砌体自烧结砖"禁实""禁黏"以来，市场上尚缺乏一种强度等级达 MU20及以上的免烧结高强砖，以取代烧结砖"禁实""禁黏"后市场的不足，尤其是广大农村居民对住房建设的需求。本节以预处理后镍渣为主要原料，研究高强镍渣混凝土砖制备技术，以满足建材市场对高强砖的需求，扩大镍渣的资源化利用。

5.4.1　镍渣砖的制备和性能检测

利用球磨机（HLXMQ-240 * 90 型）对镍渣进行球磨，将球磨后的镍渣进行筛分，80μm 以上的粗镍渣，参照砂子筛分析方法，测得其细度模数 $M_x = 1.5$，试验时部分取代砂子；80μm 以下的细镍渣作为胶凝材料，试验时部分取代水泥。

水泥为河南大地水泥生产的 P.O42.5 级普通硅酸盐水泥，其技术指标如表5.9 所示，符合《通用硅酸盐水泥》（GB 175—2007）标准要求。

表 5.9　水泥的物理和力学性能

80μm 筛余量 /%	安定性	标准稠度用水量/mL	凝结时间/min		抗折强度/MPa		抗压强度/MPa	
			初凝	终凝	3d	28d	3d	28d
0.8	合格	140	55	210	6	11	21	46

注：试验用水为自来水。

参照（GB/T 14684—2011）《建筑用砂》标准，细集料由粒径为 80μm 以上的粗镍渣和砂子组成，细骨料所用的砂采用平顶山本地河砂，砂子的细度模数 $M_x = 2.53$，级配良好，如表 5.10 所示。粗骨料用石灰岩碎石，其粒径范围为 4.75 ~ 9.5mm，连续级配，密度 2600kg/m³，含水率为 0.13%。

表 5.10　河砂级配

筛孔尺寸 /mm	筛余量 /g	分级筛余百分率 /%	累计筛余百分率 /%	细度模数
4.75	21	4.2	4	
2.36	30	6	10	
1.18	57	11.4	22	
0.6	147	29.4	51	2.53
0.3	155	31	82	
0.15	78	15.6	98	
0	12	2.4	100	

将球磨、筛分后的镍渣分别计量并按照表 5.11 配比进行配料，加水搅拌均匀，然后将搅拌均匀的混合料装入磨具振动成型，样砖规格为 240mm × 115mm × 53mm 标准砖，24h 后拆模并进行自然养护，即可获得试样。其具体制备工艺流程如图 5.7 所示。参照《砌墙砖试验方法》（GB/T 2542—2012）标准，对镍渣砖外观尺寸、强度、体积密度等基本性质进行检测。

表 5.11　镍渣砖配比（质量分数）　　　　　　　　（%）

试样编号	镍渣掺量	水泥掺量	石子掺量	用水量
1	30	30	40	16
2	40	30	30	16
3	50	20	30	16
4	50	30	20	16
5	50	40	10	18
6	60	20	20	18

试样编号	镍渣掺量	水泥掺量	石子掺量	用水量
7	60	30	10	18
8	60	40	0	18

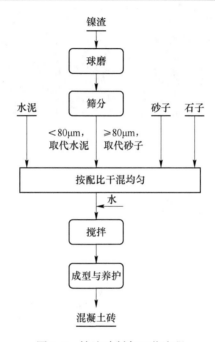

图 5.7　镍渣砖制备工艺流程

5.4.2　镍渣砖的外观质量

参照《砌墙砖试验方法》(GB/T 2542—2012) 标准，按照预设配合比制成规格为 240mm×115mm×53mm 的镍渣砖，自然条件下养护，其外观质量如图 5.8 所示。

镍渣砖外观尺寸规正，色泽一致。由于采用模具成型，成品砖尺寸误差很小，满足合格产品要求，无层裂，无裂缝，无缺棱掉角，颜色基本一致，作为建筑砌材其外观质量均达到相应的优等品要求。

5.4.3　镍渣砖的体积密度

免烧免蒸砖的密度受成型时试样的密实程度、所用材料的密度和组成的影响。免烧免蒸砖的密度过大，会对建筑施工中底层的承重能力提出较高的要求，而免烧砖过轻，也会在一定程度上影响强度，削弱其性能。不同配比对镍渣砖的体积密度的影响如图 5.9 所示。为了保证砖的后期强度及耐久性，免烧免蒸砖的体积密度应控制 1800～1900kg/m³。

图 5.8 镍渣砖外观形貌

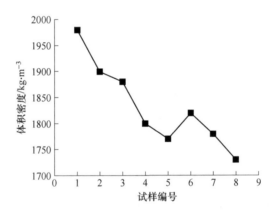

图 5.9 不同配比对镍渣砖的体积密度的影响

5.4.4 镍渣掺量对镍渣砖强度的影响

镍渣掺量对镍渣砖试样强度的影响如表 5.12 所示。当保持水泥用量不变时，随镍渣掺量的增加，其抗折强度先增大后减小；在镍渣掺量为 40% ~ 50% 时，抗折强度相对较大。抗压强度随镍渣掺量的增加逐渐降低，当镍渣掺量超过 50% 时，强度下降明显加快。

表 5.12 镍渣掺量对镍渣混凝土砖强度的影响

试样编号	镍渣掺量/%	抗折强度/MPa	抗压强度/MPa
1	30	2.79	27.20
2	40	4.29	26.60

试样编号	镍渣掺量/%	抗折强度/MPa	抗压强度/MPa
4	50	4.63	20.97
7	60	3.37	12.97

与镍渣掺量为 50% 的镍渣砖试样相比，镍渣掺量为 60% 的试样抗折强度降低 27%，抗压强度降低 38%，且低于 MU15 强度等级，强度下降明显。相比而言，在镍渣掺量为 40%~50% 时，抗折强度相对较大，抗压强度虽有下降，但仍高于 MU20 强度等级。综合考虑镍渣的减量化和市场对高强砖的需求，以镍渣掺量为 50% 制备镍渣混凝土砖较为适宜。

5.4.5 水泥掺量对镍渣砖强度的影响

已有研究表明，水泥用量对镍渣潜在胶凝性能的发挥具有一定的影响，进而对镍渣混凝土砖的强度产生影响。因此，研究水泥用量对镍渣混凝土砖强度的影响是必要的。图 5.10 分别是镍渣掺量为 50% 和 60%，不同水泥用量下制备的镍渣混凝土砖试样 28d 的抗压强度、抗折强度。

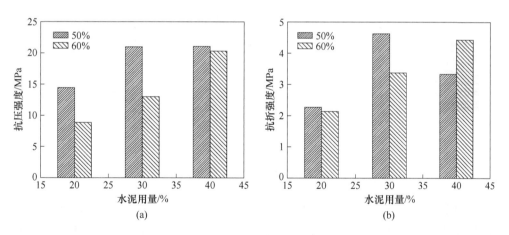

图 5.10 水泥用量对镍渣混凝土砖强度的影响
（a）抗压强度；（b）抗折强度

对于镍渣量 50% 的镍渣混凝土砖试样，随着水泥用量的增加，其抗压强度先升高后趋于稳定；抗折强度则呈先增加后降低的变化趋势。当水泥用量为 30% 时，其 28d 抗压强度、抗折强度均相对较高，与水泥用量为 20% 的试样相比，其抗压强度提高 46%，抗折强度提高 103%；但进一步增加水泥掺量到 40%，试样抗压强度无明显变化，抗折强度反而有所较低。

对于镍渣量 60% 的镍渣混凝土砖试样，随着水泥用量的增加，其抗折强度、抗压强度均逐步提高；当水泥用量为40%时，试样的抗压强度、抗折强度均相对最大，分别达20.35MPa、4.44MPa。

与镍渣掺量50%、水泥用量30%制备的镍渣混凝土砖试样相比，对于镍渣掺量60%、水泥掺量40%的试样，尽管其强度也达到了MU20的要求，但抗压强度、抗折强度均有所降低，且水泥用量的增加，将导致镍渣混凝土砖生产成本的提高。这与表5.12的分析结果是相一致的。因此，以镍渣掺量50%，水泥用量30%时制备的镍渣混凝土砖试样综合性能相对较优。

5.4.6　龄期对镍渣砖强度的影响

由于镍渣具有潜在的胶凝性，其水化速度及水化产物将可能对镍渣混凝土砖的强度产生影响，因而，进一步研究龄期对镍渣混凝土砖强度的影响是有意义的。为此，特对镍渣掺量50%，水泥用量30%的镍渣混凝土砖试样进行不同龄期养护后，测得其抗压强度、抗折强度分别如图5.11所示。

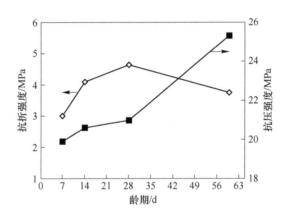

图5.11　龄期对镍渣混凝土砖强度的影响

由图5.11可知，镍渣混凝土砖试样初期强度发展较快，其7d抗压强度、抗折强度分别达19.9MPa和3.0MPa；随着龄期的延长，其强度进一步增加，但在7~28d龄期中，镍渣混凝土砖抗压强度、抗折强度增长缓慢。随龄期进一步延长到60d时，镍渣混凝土砖试样抗压强度又有明显增加，达25.3MPa；而抗折强度却有所降低，但仍达3.74MPa。

5.4.7　镍渣水化机理及其对镍渣砖强度影响

镍渣水泥浆体的微观分析对镍渣水泥的水化机理分析有重要意义，将镍渣取代水泥量为0%、10%、20%的水泥净浆置于材料显微镜200倍下观察，得到的显微镜图片如图5.12所示。

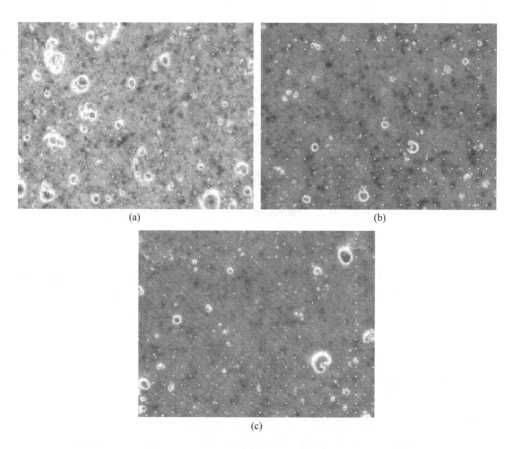

图 5.12　不同镍渣掺量的水泥净浆显微图片

(a) 0%；(b) 10%；(c) 20%

　　水泥熟料与水拌合后立即发生水化反应，水泥熟料的各化学成分开始溶解。仅经过极短的时间，填充在水泥熟料颗粒之间的液相就不再是纯水，而是含有不同离子的溶液，主要表现为：硅酸钙→Ca^{2+}，OH^-；铝酸钙→Ca^{2+}，$Al(OH)_4^-$；硫酸钙→Ca^{2+}，SO_4^{2-}；碱的硫酸盐→K^+，Na^+，SO_4^{2-}。水泥熟料的水化作用在开始后，基本上是在含碱的氢氧化钙、硫酸钙的饱和溶液中进行。

　　选择镍渣掺量为 10% 的水泥浆体试块，制备成边长约 1mm 的正方体，喷金处理后进行扫描电子显微镜试验，得到相应的水泥浆体的 SEM 图片，如图 5.13 所示。

　　已有研究表明，对于主要化学组成为 SiO_2、Al_2O_3、Fe_2O_3、CaO 等，以玻璃态存在的碱性矿渣，均具有潜在活性，在碱激发剂作用下，将发生水化反应。由于镍渣混凝土砖中含有一定量的水泥，遇水后将发生水化反应，生成 $Ca(OH)_2$，从而为镍渣的活性激发提供了激发剂，使其与镍渣表面的活性 SiO_2 和 Al_2O_3 发生

10μm

图 5.13　镍渣掺量为 10% 的水泥净浆 SEM 图

反应，生成 C-S-H 和 C-A-H 凝胶，使得溶液中 OH^- 浓度增加。镍渣中以玻璃态存在的铁、镁被解聚，形成较多的 Fe^{2+}、Fe^{3+} 与 Mg^{2+}，与 OH^- 反应生成 $Fe(OH)_3$、$Fe(OH)_2$ 和 $Mg(OH)_2$，进而生成钙矾石填充到水化产物中。这是镍渣混凝土砖具有较高强度的原因所在。

　　当镍渣和水泥用量适宜时，将形成较多的 C-S-H、C-A-H 凝胶和钙矾石，使得镍渣混凝土砖抗压、抗折强度均得以提高。当水泥用量相对镍渣不足时，水泥水化后产生的 $Ca(OH)_2$ 较少，使镍渣的活性难以充分激发，试样强度降低，试验结果也证实了这一点；但当水泥用量相对镍渣过量时，由于镍渣中 CaO 含量较低，生成 C-S-H、C-A-H 凝胶和钙矾石的钙源不足。这可能是导致镍渣掺量为 50%，水泥用量 40% 的镍渣混凝土砖试样，其抗压强度较水泥用量为 30% 的试样并无明显变化，而抗折强度反而有所降低的原因所在。

　　随着龄期的延长，水泥水化反应基本完成，镍渣的水化反应也更加彻底，C-A-H 凝胶与水泥中的石膏不断反应，其含量逐渐减少，生成更多的钙矾石填充在其他水化产物中，提高了试样致密度。因此，C-A-H 凝胶的减少和更多钙矾石的产生，使得 28d 龄期后镍渣混凝土砖试样的抗压强度继续增长，抗折强度又有所降低。但这还需进一步研究证实。

5.5　镍渣、石灰蒸养砖制备技术

　　20 世纪 80 年代初期，日本、苏联、希腊等许多国家就开展了对镍渣的基本性能以及其在微晶玻璃、混凝土原料和水泥原料等方面资源化应用的研究。苏联学者将镍渣通过垂直喷吹法和离心喷吹法制得镍渣纤维，用于制造矿棉制品，结果发现，与传统的以高炉渣纤维为主的矿棉制品相比，其耐久性提高。

我国资源化利用起步较晚，主要分为填埋、初级利用、建材制品利用三个阶段。填埋阶段始于 20 世纪 80 年代，国内企业大多将其堆存填埋，这种处理方式已日益成为环境污染、阻碍企业发展和镍新工艺推广应用的主要问题。初级利用阶段为 20 世纪 90 年代至 21 世纪初，代替碎石做筑路材料与地基回填材料。建材制品的利用近些年发展迅速，主要是制备混凝土砌块、耐火砖、微晶玻璃以及水泥掺合料。目前镍渣的整体利用率较低，且产品质量不稳定、产量偏低，直接影响镍渣大规模的综合利用。我国城市化建设快速发展，建筑用砖是工业民用建筑中的重要材料，以镍渣制备建筑用砖，对实现镍渣大规模的资源化利用和环境保护具有重要意义。

5.5.1 镍渣－石灰蒸养砖的制备

实验所用镍渣粒度组成见表 5.13，1～3mm 粒状镍渣占 55.87%，≤0.18mm 粉状镍渣含量较少。放射性核素通过 HD-2001 低本底多道 γ 能谱仪测定，符合《建筑材料放射性核素限量》(GB 6566—2010) 标准，可用于生产建筑墙体材料。所用的生石灰有效氧化钙含量为 92.5%。

表 5.13 镍渣的物理性质

| 项　　目 | 粒度分布/mm | | | | | | | | 含水量 /% | 放射性 | |
	>3	3～1	1～0.55	0.55～ 0.25	0.25～ 0.18	0.18～ 0.12	0.12～ 0.09	<0.09		I_{Ra}	I_R
样品筛余/%	17.23	55.87	18.44	5.71	1.29	0.75	0.29	0.42	2.63	0.28	0.57

以不同粒度的镍渣和石灰为原料，在实验室进行镍渣砖的制备，工艺流程如图 5.14 所示。原材料按相关标准进行除杂、干燥、筛分、破碎、粉磨后备用。按表 5.14 进行配料，在强制搅拌机中干拌 20s，保持水固比 0.1 不变，再加水搅拌 5min，然后将混合料在恒温 25℃密闭容器中陈化放置 3h。试样在液压机上成型，成型压力 30MPa、压实持续时间 12s。砖坯采用蒸压养护，温度为 180℃。

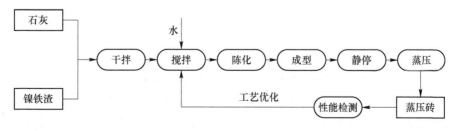

图 5.14 蒸压砖的制备工艺流程

5.5.2   镍渣－石灰蒸养砖的强度

从表 5.14 可以看出，不同掺量的粒状镍渣（≤3mm）和粉状镍渣（≤0.18mm）混配对所制备蒸养砖的强度有明显影响。在原料符合一定质量要求，工艺参数选择合理的情况下，随着 ≤0.18mm 粒级原料的增加，样品的抗压强度逐渐增大，直至其掺加量为 30% 时，抗压强度达到最大值 40.07MPa，之后随 ≤0.18mm 粒级原料掺加量增加，抗压强度呈降低趋势。镍渣粒度越细，比表面积越大，活性越高，对强度的发展越有利。同时，不同级配镍渣堆积紧密程度也会影响蒸压砖的密度，进而影响其强度。实验结果表明，采用 62% 粒状镍渣和 30% 粉状镍渣混配，样品强度达到最大，此时镍渣的总用量高达 92%。

表 5.14   镍渣不同混合粒级对蒸压砖强度的影响

样品	镍渣加入量（质量分数）/%		石灰	水固比/%	抗压强度 /MPa
	≤3mm	≤0.18mm			
B1	87	5	8	10	19.13
B2	82	10	8	10	24.62
B3	77	15	8	10	26.94
B4	72	20	8	10	29.43
B5	67	25	8	10	31.82
B6	62	30	8	10	40.07
B7	57	35	8	10	35.65
B8	52	40	8	10	31.36

5.6   镍渣、粉煤灰、电石渣蒸养砖制备技术

5.6.1   镍渣、粉煤灰、电石渣蒸养砖的制备

以镍渣、电石渣（有效氧化钙含量 55%）和粉煤灰为主要原料，在实验室进行蒸压镍渣砖的制备，工艺流程如图 5.15 所示。原材料按相关标准进行除杂、干燥、筛分、破碎、粉磨后备用。按表 5.15 进行配料，在强制搅拌机中干拌 20s，再加水搅拌 5min，然后将混合料在恒温 25℃ 密闭容器中陈化放置 3h。试样在液压机上成型，成型压力 15MPa、压实持续时间 12s。砖坯采用蒸压养护，蒸汽压力 1.32MPa，温度为 197℃。

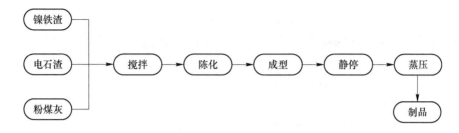

图 5.15 蒸压砖的制备工艺流程

表 5.15 镍渣不同混合粒级对蒸压砖强度的影响

样品	镍渣加入量（质量分数）/%		粉煤灰（质量分数）/%	电石渣（质量分数）/%	加水量（质量分数）/%	抗压强度/MPa	抗折强度/MPa
	≤3mm	≤0.18mm					
A1	50	34		16	10	19.13	3.6
A2	52	32		16	10	20.62	3.5
A3	54	30		16	10	21.94	3.4
A4	43	39		18	10	22.43	3.3
A5	45	37		18	10	23.82	3.3
A6	47	35		18	10	24.07	3.3
A7	40	0	40	20	10	21.65	3.5
A8	42	0	38	20	10	21.36	3.4
A9	44	0	36	20	10	19.38	3.3

5.6.2 镍渣、粉煤灰、电石渣蒸养砖的强度

从表 5.15 可以看出，在原料符合一定质量要求，工艺参数选择合理的情况下，镍渣掺量达到 80% 以上，蒸压镍渣砖的强度仍可达到 20MPa 以上。不同粒级镍渣的混配对所制备蒸养砖的强度有一定影响，实验结果表明，采用 47% 粒状镍渣（≤3mm）和 35% 粉状镍渣（≤0.18mm）混配，样品强度达到最佳。在镍渣资源丰富、粉煤灰缺少地区，可以将粒状镍渣和粉状镍渣混配，添加电石渣生产蒸压镍渣砖；在镍渣和粉煤灰资源都丰富地区，可以利用镍渣、粉煤灰及电石渣为原料生产蒸压镍砖。

5.7 镍渣蒸养砖的示范线生产

5.7.1 镍渣蒸养砖的制备

为了指导生产，工业性试验直接在生产示范线上进行，原料配方和工艺参数如表 5.16 所示。工业试验采用的蒸压镍渣砖生产工艺如图 5.16 所示。按表 5.16 进行配料，在强制搅拌机中干拌 20s，再加水搅拌 4 ~ 5min，然后将混合料在恒温 25℃密闭容器中陈化 2.5 ~ 4h；轮碾大于 5min，可充分起到混合、摩擦和压实等作用；通过分阶段压力设定保证坯体的致密度；设定升温 - 保温 - 降温时间，确定最佳蒸压制度。

表 5.16　蒸压镍渣砖物料配比及生产工艺参数

编号	物料配比/%							搅拌		陈化		轮碾		成型							蒸压	
	≤3mm 镍渣	≤0.18mm 镍渣	粉煤灰	生石灰	皂化渣	石膏	电石渣	水量(质量分数)/%	时间/min	时间/h	温度/℃	时间/min	水量(质量分数)/%	布料高度/mm(设定)	布料高度/mm(实际)	预压力/MPa	设定压力/MPa	实际压力/MPa	周期/s	成品率/%	蒸汽压力/MPa	蒸压制度 h-h-h
G1	42		38	15			5	9.8	4.0	2.5~4	25	>5	9.5	170	165~175	110	140	125~178	15~18	85	1.32	2-6-1
G2	42		36	16			6	9.8	4.0	2.5~4	25	>5	9.5	170	165~175	110	140	125~178	15~18	90	1.32	2-6-1.5
G3	42		35	16			7	9.8	4.0	2.5~4	25	>5	9.5	170	165~175	110	140	125~178	15~18	97	1.32	2-6-1.5
G4	42		34	17			8	9.8	4.0	2.5~4	25	>5	9.5	170	165~175	110	140	125~178	15~18	94	1.32	2-6-2
G5	37	52	11					10.0	5.0	2.5~5	50	>5	9.5	170	165~175	110	140	125~180	16.5~17	90	1.08	2.5-6-2
G6	37	52	11		2			10.5	5.0	2.5~5	55	>5	10.2	170	165~175	110	150	125~180	16.5~17	90	1.08	2.5-6-2
G7	40	50	10					10.0	5.0	2.5~5	50	>5	9.5	170	165~175	140	170	125~180	16.5~17	92	1.08	2.5-6-2
G8	40	45				15		10.0	5.0	2.5~5	50	>5	9.5	170	165~175	120	150	125~180	16.5~17	94	1.08	2.5-6-2
G9	45		35	15			5	8.2	5.0	2.5~4	25	>5	8.0	135	145~155	110	140	120~160	15~17	86	1.32	2.0-5.0-1.0
G10	45		33	16			6	8.2	5.0	2.5~4	25	>5	8.0	135	145~155	110	140	120~160	15~17	91	1.32	2.0-5.0-1.5
G11	45		32	16			7	8.2	5.0	2.5~4	25	>5	8.0	135	145~155	110	140	120~160	15~17	96	1.32	2.0-5.0-1.5

续表 5.16

| 编号 | 物料配比/% | | | | | | 搅拌 | | 陈化 | | 轮碾 | | 成 型 | | | | | | | 成品率/% | 蒸压 | |
	≤3mm镍渣	≤0.18mm镍渣	粉煤灰	生石灰	皂化渣	石膏	电石渣	水量(质量分数)/%	时间/min	时间/h	温度/℃	时间/min	水量(质量分数)/%	布料高度/mm(设定值)	布料高度/mm(实际)	预压力/MPa	设定压力/MPa	实际压力/MPa	周期/s		蒸汽压力/MPa	蒸压制度h-h-h
G12	45		30	17	8			8.2	5.0	2.5~4	25	>5	8.0	135	145~155	110	140	120~160	15~17	94	1.32	2.0-5.0-2.0

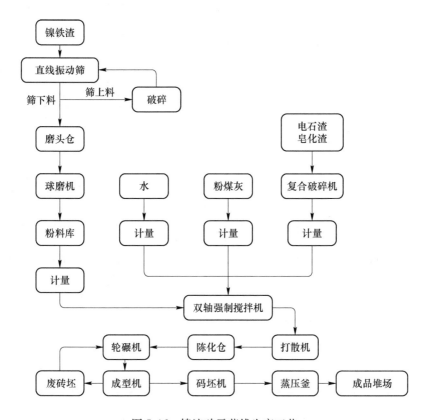

图 5.16　镍渣砖示范线生产工艺

　　示范线主要生产蒸压镍渣标准砖（240mm×115mm×53mm）和蒸压多孔砖（240mm×115mm×90mm）。示范线生产时，为了降低生产成本，改善产品性能，增加新品种，采用粒状镍渣（≤3mm）和粉煤灰为主要原料，电石渣（有效氧化钙55%）和皂化渣（有效氧化钙45%）搭配使用作为添加剂生产蒸压镍渣砖和蒸压镍渣多孔砖。

5.7.2　实验结果与分析

采用镍渣为主要原料，粉煤灰、生石灰、电石渣、石膏、皂化渣搭配使用作为添加剂，按照工艺流程在生产示范线上制备蒸压镍渣标准砖和蒸压镍渣多孔砖，产品性能检测结果如表 5.17 所示。分析表 5.17 数据可以得到以下结论。

表 5.17　蒸压镍渣砖各项性能检测结果

项　目	抗压强度/MPa		抗折强度/MPa		抗冻性		碳化系数 /K_c	干燥收缩 /mm·m^{-1}
	平均值≥	单块值≥	平均值≥	单块值≥	抗压强度损失/%	质量损失/%		
国标 MU15	15	12	3.7	3	≤25	≤5	≥0.85	≤0.5
G1	16.8	13.8	3.8	3.2	13.0	1.4	0.86	0.46
G2	17.6	14.2	3.9	3.5	13.2	0.9	0.86	0.46
G3	18.5	14.6	4.2	3.7	13.7	0.6	0.86	0.43
G4	17.3	14.1	3.7	3.3	12.9	1.2	0.86	0.46
国标 MU30	30.0	24.0	4.8	3.8	≤25	≤5	≥0.85	≤0.5
G5	30.26	26.31	6.29	4.92	13.2	0.8	0.88	0.33
G6	31.02	27.4	5.92	5.23	12.1	0.6	0.92	0.36
G7	32.3	28.3	7.7	5.9	11.7	0.5	0.95	0.35
G8	30.72	26.74	6.21	5.65	12.4	0.6	0.91	0.33
国标（多孔）	15.0	12.0	3.8	3.0	25	5.0	≥0.85	≤0.5
G9	15.5	14.8	3.9	3.6	16.7	3.3	0.93	≤0.44
G10	16.3	15.1	4.2	3.9	15.2	3.1	0.93	≤0.44
G11	16.8	15.4	4.4	4.1	14.8	2.7	0.93	≤0.41
G12	15.9	14.9	4.0	3.8	16.5	3.1	0.93	≤0.44

（1）采用粒状镍渣和粉状镍渣混配所得样品强度均高于不进行混配的制品，因此在生产条件允许的情况下，最好进行不同粒级镍渣的混配，以生产高强度镍渣砖。

（2）在原料符合一定质量要求，工艺参数选择合理的情况下，粒状镍渣和粉煤灰搭配使用的所有方案均能满足《蒸压粉煤灰砖》（JC/T 239—2014）中 MU15 强度等级要求，固废利用率高达 100%；粒状镍渣和粉状镍渣混配的所有方案均能满足 MU30 强度等级要求，镍渣利用率高达 90%（G7）。在镍渣资源丰富、缺粉煤灰地区，可以将粒状镍渣和磨细后粉状镍渣混配生产高强镍渣砖；在镍渣和粉煤灰资源都丰富地区，可以采用镍渣和粉煤灰为原料生产蒸压镍渣砖。

（3）粒状镍渣和粉状镍渣混配生产高强镍渣砖的最佳生产配比为：≤3mm镍渣40%，≤0.18mm镍渣50%，生石灰10%，强度达到32.3MPa；采用镍渣和粉煤灰为原料生产蒸压镍砖的最佳生产配比为：镍渣42%，粉煤灰35%，电石渣7%，皂化渣16%，强度达到18.5MPa；蒸压镍渣多孔砖的最佳生产配比为：镍渣45%，粉煤灰32%，电石渣7%，皂化渣16%，强度达到16.8MPa。

（4）所有方案产品的抗冻、碳化、干燥收缩性能均能满足《蒸压粉煤灰砖》（JC/T 239—2014）对应指标要求，所生产的镍渣砖可以替代黏土砖作为新型的墙体材料应用。

5.7.3 镍渣蒸养砖强度来源机理

利用镍渣、粉煤灰、生石灰、电石渣、石膏、皂化渣所制备蒸养砖的强度主要来自以下两个方面。

（1）在模压成型过程中的物理作用。1）采用不同粒径的镍渣配料，可以提高物料的堆积密度，减少空隙率，有利于强度的提高。采用粒状镍渣和粉状镍渣混配所得样品强度均高于不进行混配的制品。2）陈化后进行轮碾，可起到物料混合、压实和摩擦等作用，有利于提高极限成型压力，从而提高砖坯密实度，提高制品强度。3）通常坯体在养护过程中参与水化反应的水量是很少的，过多的水分蒸发后留下孔隙不利于强度发展，所以在保证成型条件的情况下，成型水分越低越好，以提高蒸养砖的强度。本成型机组和物料适应的成型水分较低，为8.0%~11.0%，有利于强度的提高。4）本项目采用的JYM1280成型机组是全自动单面三阶段加压的液压成型机组，机械压力的作用下，不同粒径的物料互相靠拢，砖坯具有一定的密实度，使砖在成型后就获得一定的初期强度。本成型机组压制过程分阶段进行，有利于排除混合料中的空气，提高坯体致密度，防止去压后坯体体积反弹或出现层裂，从而提高制品强度。

（2）砖坯内部原料的化学反应。从镍渣XRD图谱中可以看出，其含有大量的玻璃态物质。在破碎、球磨机械力的作用下，镍渣化学键断开，原有结构被打破。大量研究表明，对于主要化学组成为SiO_2、CaO、Al_2O_3、MgO、Fe_2O_3等，以玻璃态物质存在的矿渣，具有一定的潜在活性，在碱性环境的激发下，发生水化反应。

加水搅拌后，混合料在陈化仓中停留3~3.5h，与水分充分渗透混合，电石渣和皂化渣提供的$Ca(OH)$碱性环境开始激发镍渣的活性。砖坯在高温高压蒸汽养护过程中，镍渣的活性急剧增大，混合料中的Ca与镍渣表面的活性Al_2O_3和SiO_2发生反应，生成C-A-H和C-S-H凝胶，使砖坯的强度逐渐增加。随着混合料中 OH⁻ 浓度增加，镍渣中的玻璃态物质被逐渐解聚，形成较多的 Mg^{2+}、Fe^{2+} 与 Fe^{3+}，这些离子与 OH⁻ 反应生成 $Mg(OH)_2$、$Fe(OH)_2$ 和 $Fe(OH)_3$，最终形成钙矾石填充到水化产物中，增加了固体之间的界面，同时也增加了蒸压砖中固相的含量，形成骨架作用，有利于水泥石结构的形成，从而有利于强度的发展。此外，在镍渣中还可能存在由 Al^{3+} 替代 Si^{4+} 而形成的铝氧四面体 $[AlO_4]^{5-}$，这种结构比硅氧四面体 $[SiO_4]^{4-}$ 具有更高的活性；在网络空隙中存在有较高活性的 AlO^+ 复合离子，在网络体外则存在着比四配位体具有更高活性的 "六配位体"。这些都提高了镍渣的活性，提高了砖坯在蒸压过程中的强度。镍渣粒度越细，活性越高，对强度的发展越有利，所以添加粉状镍渣所得样品强度高于不添加的制品。

5.8　本章小结

（1）镍渣进行机械球磨预处理时，加入 1.5% 水玻璃具有较好的助磨效果。球磨处理对镍渣的颜色和密度有明显影响。将 0% ~ 30% 的镍渣替代水泥熟料时，随镍渣掺量的增加，水泥的标准稠度用水量减少，初凝和终凝时间有所增长，但均在水泥标准规定的范围内；其强度随掺量的增加而下降，但抗折强度下降并不明显。当镍渣掺量为 20% 时，水泥的各项性能指标相对较优，此时镍渣水泥的标准稠度用水量为 145mL、初凝时间为 65min、终凝时间为 340min，3d、28d 抗压、抗折强度分别为 23.6MPa、40.2MPa、5.2MPa 和 8.6MPa；达到了 32.5 级水泥的各项要求。

（2）以镍渣为主要原料、辅以硅酸盐水泥和碎石，可以制备强度较高的镍渣混凝土砖。当镍渣、水泥、碎石的质量比为 5∶3∶2 时，其 28d 抗折、抗压强度分别为 4.63MPa 和 20.97MPa，达到免烧砖 MU20 强度等级要求。镍渣掺量和水泥掺量对镍渣混凝土砖抗折、抗压强度影响明显。随着镍渣掺量的增大，试样抗压强度逐渐降低，抗折强度先增大后减小。

（3）采用 62% 粒状镍渣（≤3mm）和 30% 粉状镍渣（≤0.18mm）混配，添加 8% 的石灰，可以制备出抗压强度达到 40.07MPa 的镍渣砖；采用 47% 粒状镍渣（≤3mm）和 35% 粉状镍渣（≤0.18mm）混配，添加 18% 的电石渣，可以制备出抗压强度达到 24.07MPa 的镍渣砖。

（4）利用粒状镍渣、粉煤灰、电石渣、皂化渣为原料，在生产示范线上制备蒸压镍渣砖，产品的质量均能满足 MU15 等级对强度、抗冻性、碳化系数、干燥收缩的要求；利用粒状镍渣和粉状镍渣混配、生石灰、石膏、电石渣所制备的产品均能达到 MU30 等级对强度、抗冻性、碳化系数、干燥收缩的要求。粒状镍渣和粉状镍渣混配生产高强镍渣砖的较优生产配比为：≤3mm 镍渣 40%，≤0.18mm

镍渣50%，生石灰10%，强度达到32.3MPa，镍渣利用率高达95%；采用镍渣和粉煤灰为原料生产蒸压镍渣砖的较优生产配比为：镍渣（≤3mm）42%，粉煤灰35%，电石渣7%，皂化渣16%，强度达到18.5MPa，固废利用率高达100%；蒸压镍渣多孔砖的较优生产配比为：镍渣45%，粉煤灰32%，电石渣7%，皂化渣16%，强度达到16.8MPa，固废利用率达到100%。

参 考 文 献

[1] 刘玉峰，朱小东. 利用湿粉煤灰、镍渣、铁矿石配料及用工业废渣作混合材双掺生产水泥的研究 [J]. 水泥，2004（4）：43~48.

[2] 肖忠明，王昕，霍春明，等. 镍渣水化特性的研究 [J]. 广东建材，2009（9）：9~12.

[3] 段广福，刘万超，陈湘清，等. 江西某红土镍矿冶炼炉渣作水泥混合材 [J]. 金属矿山，2012（11）：159~162.

[4] 倪文，贾岩，郑裴，等. 金川镍弃渣铁资源回收利用 [J]. 北京科技大学学报，2010，30（8）：975~980.

[5] 杨全兵，罗永斌，张雅钦，等. 镍渣的粉磨特性和活性研究 [J]. 河南化工，2003（1）：25~26.

[6] 马明生，倪文，王亚利，等. TiO_2 及 Cr_2O_3 对镍渣微晶玻璃结晶过程影响及结晶动力学 [J]. 硅酸盐学报，2009，37（4）：609~615.

[7] 师晓霞，张义喜. 含硫废镍渣生产硫酸镍过程中钙镁的脱除 [J]. 河南化工，2003（1）：25~26.

[8] 陈有治，蒲心诚，马保国. Na_2SO 矿渣水泥的水化与硬化特性研究 [J]. 硅酸盐学报，2000，28（增刊）：81~84.

[9] 欧阳东. 几种重要掺合料对混凝土用水量的影响 [J]. 中国港湾建设，2003（6）：12~14.

[10] Gerge Wang, Russell G. Thompson, Yuhong Wang. Hot-Mix Asphalt That Contains Nickel Slag Aggregate [J]. Transportaion Reseearch Record：Journal of the Transportation Research Board, 2011（2）：1~8.

[11] 王佳佳，刘广宇，倪文，等. 激发剂对金川水淬二次镍渣胶结料强度的影响 [J]. 金属矿山，2013（4）：159~163.

[12] 高术杰，倪文，李克庆，等. 用水淬二次镍渣制备矿山充填材料及其水化机理 [J]. 硅酸盐学报，2013，41（5）：612~619.

[13] 单昌峰，王建，郑金福，等. 镍渣在混凝土中的应用研究 [J]. 硅酸盐通报，2012，31（5），1263~1268.

[14] 彭华. 诺兰达炉渣综合利用研究（下）[J]. 金属矿山，2004，（3）：62~66.

[15] 孙家瑛，诸培南. 矿渣在碱性溶液激发下的水化机理探讨 [J]. 硅酸盐通报，1988（6）：16~24.

[16] 孔祥文，王丹，隋智通. 矿渣胶凝材料的活化机理及高效激发剂 [J]. 中国资源综合利用，2004（6）：22~26.

［17］肖景波，夏娇彬，陈居玲．从炼镍废渣中综合回收有价金属［J］．湿法冶金，2014，33（2）：124～127.

［18］Zhongjie Wang, Wen Ni, Yan Jia, et al. Crystallization behavior of glass ceramics prepared from the mixture of nickel slag, blast furnace slag and quartz sand［J］. Journal of Non-Crystalline Solids, 2010, 356（31～32）：1554～1558.

［19］Nobuyuki Imanishi, Ryo Watanabe, et al. Pelletizing of nickel residue from laterite for direct reduction process［J］. International Journal of Mineral Processing, 1987, 19（1～4）：115～126.

［20］曹万林，王卿，周中一，等．再生混凝土砖砌体抗压性能试验研究［J］，世界地震工程，2011，27（3）：17～22.

［21］郑山锁，宋哲盟，赵鹏，等．冻融循环对再生混凝土砖砌体抗压性能的影响［J］，建筑材料学报，2016，19（1）：131～136.

［22］Collins F, Sanjayan J G. Strength and shrinkage properties of alkali-activated slag concrete containing porous coarse aggregate［J］. Cem Coner Res, 1999, 29：607～610.

［23］Bakharev T, Sanjayan J G, Cheng Y B. Alkali activation of Australian slag cements［J］. Cem Concres 1999, 29：113～120.

［24］Collins F, Sanjayan J G. Workability and mechanical properties of alkaliactivated slag concrete［J］. Cem Concr Res, 1999, 29：455～458.

［25］Douglas E, Bilodeau A, Malhotra V M. Properties and durability of alkali-activatedslag concrete［J］. ACI Mater J, 1992, 89（5）：509～516.

［26］Roy D M, Sllsbee M R, Wolfe-Confer D. New rapid setting alkali activated cement compositions［J］. MRS Proc, 1990, 179：203～220.

［27］Akiyama A, Yamamoto Y. Utilization of ferro-nickel slag as fine aggregate for concrete［J］. Doboku Gakkai Ronbunshu, 1986, 366（366）：103～112.

［28］刘梁友．镍铁渣在水泥与混凝土中应用的研究［D］．济南：济南大学，2016：3～6.

［29］李国昌，王萍．蒸压法制备镍铁矿渣透水砖［J］．矿山环境，2017，（2）：101～106.

［30］Ejup L, Alexandra K, Anita G, et al. Optimal thermal cycle for production of glass-ceramic based on wastes from ferronickel manufacture［J］. Ceramics International, 2015, 41（9）：11379～11386.

［31］Kostas K, Dimitra Z, Vasillios P. Effect of synthesis parameters on the compressive strength of low-calcium ferronickel slag inorganic polymers［J］. Journal of Hazardous Materials, 2009, 161（2～3）：760～768.

［32］齐太山，王永海，周永祥，等．高炉镍铁渣粉辅助胶凝材料性能研究［J］．混凝土，2017（4）：108～111.

［33］汪潇，张小婷，金彪，等．镍渣掺量对硅酸盐水泥物理力学性质的影响［J］．硅酸盐通报，2016，35（11）：3580～3584.

［34］濮松荣．蒸压粉煤灰建筑制品生产技术研究［J］．粉煤灰，2004（1）：30～33.

［35］盛广宏，翟建平．镍工业冶金渣的资源化［J］．金属矿山，2005（10）：69～71.

［36］徐彬，蒲心诚．矿渣分相结构与矿渣潜在水硬活性本质研究［J］．硅酸盐学报，1997，

(6): 729~733.

[37] Maragkos I, Giannopoulou I P, Panias D. Synthesis of ferronickel slag-based geopolymers [J]. Minerals Engineering, 2009, 22 (2): 196~203.

[38] Ravikumar D, Peethamparan S, Neithalath N. Structure and strength of NaOH activated concretes containing fly ash or GGBFS as the sole binder [J]. Cement and Concrete Composite, 2010, 32 (6): 399~410.

6 铁尾矿的活性激发及其
蒸养砖制备技术

铁尾矿就是天然铁矿石在选矿工艺的加工过程完成后产生的工业固体废弃物。根据有关数据统计，我国金属矿山每年的铁尾矿产生量已经超过 5 亿吨，累计的铁尾矿堆存量超过 100 亿吨。由于铁尾矿的过度堆存而引发的安全、资源浪费和环境问题影响日益严重，因此开发处理铁尾矿的新方法，提高其综合利用率，来取代地表堆放处理方式是重中之重。目前将铁尾矿掺入水泥中制备建筑材料是实现铁尾矿大规模资源化利用的重要途径。但是一般情况下铁尾矿的活性比较低，其化学组成与天然火山灰相似，具有潜在火山灰活性。由于其火山灰活性不能直接显现出来，所以需要通过活化来激发铁尾矿火山灰活性。利用活化后的铁尾矿作为水泥混合材料，是近年来尾矿综合利用研究的一个重要方面，对缓解尾矿大量排放造成的环境污染和安全隐患具有重要作用。激发铁尾矿火山灰活性有多种方法，采用机械力化学活化和添加化学激发剂激发铁尾矿火山灰活性是最为简单方便并且符合当下环保节能政策理念的方法。

6.1 铁尾矿国内外资源化现状

国内外研究者对选铁尾矿的物理活性、成分、结构特征等基本性质以及在回收稀有金属、制备建筑材料等方面的应用等做了大量的研究。

6.1.1 国内现状

王志强认为铁尾矿虽然有火山灰活性，但其活性是潜在的，必须采用合理的方法进行激发才能使其显现，如利用机械活化、化学活化和热活化等方法改变铁尾矿的晶体结构和表面性质来激发铁尾矿的火山灰活性。火山灰活性被激发出来的铁尾矿可以作为掺合料添加到水泥和混凝土等建筑材料中。通过这种方法不仅可以处理掉被当作废料的铁尾矿，还可以减少水泥和混凝土等材料的使用量，对于保护环境和可持续发展具有重要意义。

郑永超通过机械力化学方法处理铁尾矿，利用红外光谱分析、粒度分析、SEM 微观形貌检测技术、XRD 衍射峰分析机械力化学效应对尾矿活性的影响，得出结论：机械力化学活化可以激发铁尾矿活性。在粉磨初期，尾矿矿物颗粒尺寸减小，随粉磨时间的延长，尾矿中各矿物的晶格畸变程度逐渐加深，表面能迅速增加，矿物实现由晶态向非晶态转化。

王栋民研究了化学－机械耦合效应对铁尾矿火山灰活性的影响，采用二水硫酸钙作为活化剂，发现粉磨 2h 后的铁尾矿粉火山灰活性显著提高。当二水硫酸钙掺量不同时，其 7d、28d 活性指数和抗折强度比也不同，并且当二水硫酸钙掺量为 1.0% 时铁尾矿的火山灰活性最高。蒙朝美等人对辽宁省某矿山的铁尾矿进行了成分分析和机械力活化，想要将其作为混凝土辅助胶凝材料。结果发现该铁尾矿主要矿物成分是石英，主要化学成分是二氧化硅、三氧化二铁和氧化镁，粒径分布在 120μm 附近，活性指数 47.6%，火山灰活性极低。机械力活化后，粒径分布在 10μm 附近，活性指数 81.7%，火山灰活性显著提高。由此可得知机械力活化后的铁尾矿可以作为辅助胶凝材料用于制备混凝土。王志强探究了机械粉磨对硅质尾矿火山灰活性的影响规律和活化机理。他在研究中发现机械粉磨可以减小颗粒的粒径范围，提高铁尾矿的比表面积，从而激发铁尾矿的火山灰活性，粉磨过程中掺加粉煤灰、氧化钙或者氯化钙作为激发剂可以使活性更强。通过对水泥净浆的水化产物研究发现，活化尾矿中部分二氧化硅和三氧化二铝参与了水化反应，导致水泥水化产生的氢氧化钙含量降低。李北星研究了铁尾矿粉的细度和养护制度对铁尾矿粉活性和其浆体结构的影响。试验表明：铁尾矿粉磨到一定细度后活性受细度的影响会很小。在标准养护、热水养护及高温干热养护下，铁尾矿粉活性较低，蒸压养护会形成大量 C-S-H 凝胶。热水养护和高温干热养护会减少有害孔，增加孔隙率，蒸压养护可以降低孔隙率。

朴春爱阐述了铁尾矿粉机械活化过程和活化机理，给出了机械力活化铁尾矿的合理工艺参数，为铁尾矿的机械力活化规模化应用奠定了基础。她还创造性地提出使用复合双掺的方式提高铁尾矿粉的利用率，阐述了活化铁尾矿粉复合胶凝材料的微观结构和水化机理。郑永超采用机械粉磨的方法活化铁尾矿后，采用激光粒度分析、XRD、XPS 分析机械力化学效应对铁尾矿粒度分布、结晶度、物相、表面电子结合能的影响。对粉磨后的铁尾矿进行水泥混合材活性试验后发现当粉磨时间达到 80min 后，火山灰活性较高。叶家元等铝尾矿、水玻璃等物质为主要原料制备碱激发胶凝材料，尾矿主要矿物有一水硬铝石、高岭石、石英等。实验研究了在不同养护条件砂浆强度发展规律及耐热性能。结果表明，提高养护温度可提高砂浆强度，但长时间高温养护会引起强度倒缩，砂浆强度在封闭恒温潮湿的空气环境中可以稳定发展，在开放条件下会因失水而大幅度降低。

秦景燕等对铁尾矿进行了超细粉碎，结果发现当铁尾矿被粉碎到一定程度后，机械力对铁尾矿的影响程度大大减弱，原因是经过长时间粉磨后的铁尾矿已经达到了平衡状态。易忠来使用热活化的方法对铁尾矿进行了处理，并对其胶凝活性进行了检测。结果表明如果仅仅对铁尾矿进行热活化，其胶凝活性不会有太大变化，但如果加入赤泥再进行热活化胶凝活性会有很大的提升。王安岭将粉磨后的铁尾矿粉和水泥混合，用来制备混凝土。混凝土的强度随着掺入的铁尾矿的比例而变化。当用铁尾矿完全取代水泥制备出的混凝土性能很差，铁尾矿的掺量在40%左右时，混凝土性能优越。郝保红发现经过机械力活化后的铁尾矿会具有可溶性，随着机械力作用时间的延长其溶解度也会增加，观察 XRD 图谱后可以发现衍射峰的高度发生了不同程度的降低，阐明了机械力对铁尾矿的真实作用。李振兴等发现在机械力活化过程中产生了扩散效应和界面反应，导致矿物原料之间发生了化学反应。因此机械力活化虽然只是利用机械力处理原料，但是在活化过程中不仅会有机械活化，往往还伴随着化学活化。焦向科等以高硅尾矿为原料，该尾矿中二氧化硅和三氧化二铝含量大于75%，将其与硅酸盐水泥熟料混合粉磨后作为水泥混合材进行试验。结果发现，尾矿的活性可以借由高效的机械粉磨提高，活化的尾矿可以与硅酸盐水泥熟料水化过程中产生的氢氧化钙发生二次水化反应，生成絮状水化硅酸钙和铝酸钙凝胶，当石膏存在时，还会形成针状、棒状的钙矾石。同时发现随着尾矿掺量的增加，水泥凝结时间会延长强度会降低，当尾矿的掺量为30%，粉磨40min 时，水泥的凝结时间和强度均满足32.5R 复合硅酸盐水泥的要求。

6.1.2　国外现状

　　Zhao 等利用铁尾矿粉制备出了超高性能混凝土，研究发现，用铁尾矿粉100%取代水泥，会使混凝土的和易性和抗压强度降低，通过微观分析集料和胶凝材料的界面过渡区后，发现在铁尾矿粉掺量低于40%时，所得的混凝土性能最佳。Shetty 等发现利用铁矿尾砂替代10%的天然砂，并用铁尾矿粉取代部分水泥可以大幅度提高自密实混凝土的抗压强度、拉伸强度及抗弯强度。

　　Li 等配制出了混合比为铁尾矿∶高炉矿渣∶水泥熟料∶石膏 = 30∶34∶30∶6 的新型胶凝材料，其凝结时间和强度等各项指标均满足42.5级普通硅酸盐水泥要求。Ozlem 等开展了尾矿粉作为混合材掺入硅酸盐水泥的实验。研究发现，该尾矿粉氧化硅含量高达94.56%，当掺量在5%～15%之间时，可用作水泥混合材料，而且在与粉煤灰和硅灰混合时效果最好。Richard 使用0.08mm 方孔筛筛分铁尾矿后，大于0.08mm 的作为骨料，小于0.08mm 的使用球磨机粉磨。利用粒度分析、XRD、SEM、IR 分析机械力化学效应对铁尾矿活性的影响，检测其火山灰活性，制备出了尾矿高强结构材料。Cheng 等研究了机械力化学活化铁尾矿对水泥抗折抗压强度的影响规律，发现机械力化学活化产生的微小颗粒填充在还没水化的水泥颗粒之间，会降低水泥的孔隙率，改变水泥的微观结构，所以可以提高其抗折抗压强度，同时发现在铁尾矿和水泥的复合体系中，二次水化生成的 C-S-H 凝胶钙硅比比较低。Zheng 等研究了磷酸盐尾矿在硅酸盐水泥中的水化特性，结果发现尾矿在水化期间起稀释剂的作用，降低了水化初期钙离子的浓度，但其影响随龄期延长而减弱，最后基本不会再有影响。实验还发现尾矿掺量为30%时，对水泥的性能影响不大。

Guo等研究发现，铁尾矿经高温煅烧后，成分中的高岭石转变为非晶态的偏高岭石，物料间空隙变多，比表面积变大，处于热力学介稳状态，将其粉磨到一定细度后，可以大幅激发其火山灰活性。作为混合材料使用时，掺量为20%的铁尾矿粉仍能使水泥具有很高的强度。Ryou J对铁尾矿进行XRD射线衍射后，分析其成分组成，发现铁尾矿的主要矿物成分是石英，主要化学成分是氧化硅、氧化钙、氧化铁。想要让铁尾矿表现出火山灰活性，需要对铁尾矿进行改性。如果能使用某种方法激发出铁尾矿潜在的火山灰活性，就可以将其应用于水泥混凝土行业。

Adamieca通过热活化的方法激发出了铁尾矿的火山灰活性。她通过扫描电镜、XRD图谱分析后发现铁尾矿在经过高温煅烧后，其中的硅氧四面体和铝氧八面体会变得不稳定，化学键断裂导致原子排列产生混乱，变为热力学介稳状态，其火山灰活性被激发出来。Taylor研究了不同活化方式的铁尾矿粉掺量对水泥水化的影响。其研究结果表明，铁尾矿经过化学－机械活化后，颗粒比表面积增加，表面断裂键增加，促进了铝相的二次水化。经过化学－机械活化的铁尾矿粉其水化活性要比单纯机械活化的高。

6.2　铁尾矿资源化的意义

近些年，国家钢铁产业不断发展，钢铁消耗的速率也越来越快，铁尾矿的储存量也逐年增加，大量的铁尾矿多以自然堆积，存放于地表，占用大量的可耕地。铁尾矿的粒度细，遇到大风，很容易造成粉尘污染；遇到雨水，流入河流，水资源遭到破坏；严重危害周围的生态系统，成为影响环境最为厉害的工业固体废弃物之一。随着我国各行各业大力提倡环境保护和节能减排，人们环保意识逐渐提高，选铁尾矿堆积量大，不能二次开发利用，已然成为当下急需解决的问题。

尽可能多地利用工业废弃物替代天然原材料制备建筑材料已经成为当前的发展趋势。目前，关于利用铁尾矿深层次的加工、尾矿废石用以生产高附加值的产品、制作功能材料、尾矿回填与复垦等方面，国内外已经取得了一定的研究进展。其中，利用铁尾矿制备蒸压砖是铁尾矿资源化的重要途径之一，能够有效二次使用铁尾矿，增加附加值，减少铁尾矿的大量堆积。如何有效开发尾矿资源、提高厂家的生产效益，实现矿产资源的优化配置，推动矿业可持续发展，具有十分深远的战略意义。

6.3　机械球磨对铁尾矿活性的影响

试验所用的铁尾矿来自鲁山县某磁选厂，原状铁尾矿如图 6.1 所示，X 荧光分析铁尾矿的化学组成，见表 6.1。由表 6.1 可知，铁尾矿主要成分是 SiO_2、CaO、Fe_2O_3、Al_2O_3、MgO，属于高硅高钙型铁尾矿。

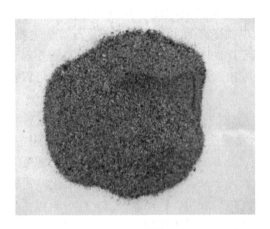

图 6.1　原状铁尾矿

表 6.1　铁尾矿化学成分

成　分	K_2O	CaO	TiO_2	MnO	Fe_2O_3	SiO_2	Al_2O_3	MgO
质量分数/%	0.7969	18.2209	0.2546	0.7112	13.4984	48.3606	5.0034	1.0731

6.3.1　机械球磨对铁尾矿物理性质的影响

6.3.1.1　粒度分布

采用 SYM 500×500 球磨机对铁尾矿进行预处理，球磨时间分别为 20min、30min、40min、50min。使用激光粒度分析仪对球磨后铁尾矿粉进行粒度分析，测试结果如表 6.2 和图 6.2 所示。

表 6.2　不同球磨时间铁尾矿粒径特征参数

球磨时间/min	20	30	40	50
$D_{10}/\mu m$	0.15	0.16	0.15	0.15
$D_{25}/\mu m$	0.19	0.20	0.19	0.20
$D_{50}/\mu m$	2.57	2.28	2.01	1.98

球磨时间/min	20	30	40	50
$D_{75}/\mu m$	15.09	9.10	8.31	8.17
$D_{90}/\mu m$	35.33	16.07	13.51	13.36

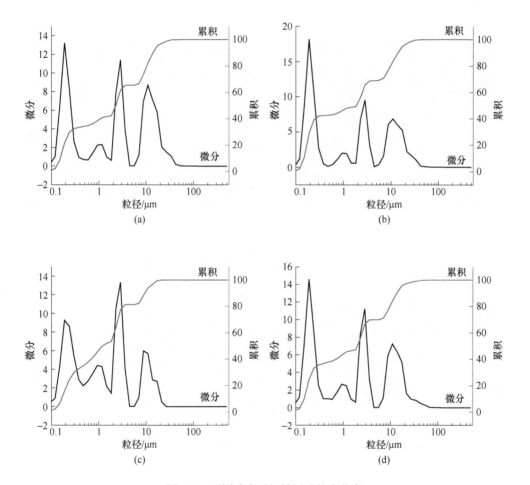

图6.2 不同球磨时间铁尾矿粒度分布

（a）20min；（b）30min；（c）40min；（d）50min

通过对铁尾矿粒径特征参数以及粒度分布分析可以发现，在粉磨初期机械力对铁尾矿粒度的影响非常明显，到后期影响效果减弱。球磨时间由20min延长至30min，D_{90}由35.33μm急剧减至16.07μm，球磨效果明显；球磨时间由30min延长至40min，D_{90}由16.07μm急剧减至13.51μm，球磨效果减弱；球磨时间由40min延长至50min粒度变化很小。

6.3.1.2 微观形貌

利用扫描电镜对球磨 20min、30min、40min、50min 的铁尾矿进行形貌观察，结果如图 6.3 所示。球磨 20min 以后，铁尾矿中已经开始出现粉末，但数量较少，数量较多的还是大颗粒。粉磨 30min 以后颗粒大量减少，粉末增加了很多。粉磨 40min 以后铁尾矿中绝大部分都是粉末，颗粒基本消失。粉磨 50min 以后颗粒变得更少。

图 6.3 不同球磨时间铁尾矿的 SEM 图

(a) 20min；(b) 30min；(c) 40min；(d) 50min

6.3.2 机械球磨对铁尾矿火山灰活性的影响

试验选用 42.5 级普通硅酸盐水泥、河砂、铁尾矿制备胶砂试块；按照 GB/T 12957—2005 规定，铁尾矿的掺入量为 30%，按照 GB/T 17671—1999 制作胶砂试块。通过测定胶砂试块的活性指数来反映铁尾矿火山灰活性。不同球磨时间获得的铁尾矿粉制作成胶砂试块以后，测定抗折抗压强度，其中不掺铁尾矿的为基准组，结果见表6.3。

表6.3　不同球磨时间7d、28d 抗折抗压强度

粉磨时间/min	7d 抗折强度/MPa	7d 抗压强度/MPa	28d 抗折强度/MPa	28d 抗压强度/MPa
基准组	5.8	31.4	7.8	43.3
20	5.1	24.2	7.1	30.6
30	5.3	26.6	7.4	34.2
40	5.5	29.3	7.6	37.1
50	5.5	30.6	7.7	38.6

由表6.3可以看出，随着粉磨时间的增加，胶砂试块的7d平均抗折强度也在增加，并且在粉磨初期强度变化明显。粉磨时间从20min增加到30min，抗折强度从5.1MPa增加到5.3MPa，增加了0.2MPa。粉磨时间从40min增加到50min，抗折强度无明显变化。随着粉磨时间的增加，胶砂试块的7d平均抗压强度也逐渐增加，并且在粉磨初期强度变化比较明显粉磨时间从20min增至30min，抗压强度从24.2MPa增加到了26.6MPa，增加了2.4MPa。粉磨时间从40min增加到50min，抗压强度平均值从29.3MPa上升到30.6MPa，只增加了1.3MPa。

随着粉磨时间的增加，胶砂试块的28d抗折强度一直在不断增加，并且在粉磨初期强度增加较为明显，粉磨后期抗折强度变化幅度减小。粉磨时间从20min增加到30min，28d抗折强度从7.1MPa上升到7.3MPa，增加了0.2MPa。粉磨时间从40min增加到50min，抗折强度无明显变化。随着粉磨时间的增加，胶砂试块的28d抗压强度一直在不断增加，在粉磨初期抗压强度的增加较为明显，粉磨后期抗压强度变化幅度减小。粉磨时间从20min增至30min，28d抗压强度从30.6MPa上升到34.2MPa，增加了3.6MPa。粉磨时间从40min增加到50min，抗压强度从37.1MPa上升到38.6MPa，仅增加了1.5MPa。

不同粉磨时间的铁尾矿制作的胶砂试块7d、28d抗折强度和抗压强度随粉磨时间的变化规律比较明显，均为在粉磨初期影响效果明显，到粉磨后期效果逐渐减弱。

不同球磨时间铁尾矿的活性指数如表6.4所示。活性指数随球磨时间增长而增大，粉磨前期增长速度较快，后期增长速度逐渐减弱，粉磨到50min活性指数达到了89.1%。

表6.4　不同球磨时间铁尾矿的活性指数

粉磨时间/min	活性指数/%	粉磨时间/min	活性指数/%
20	70.6	40	85.7
30	79.0	50	89.1

6.4　机械球磨－化学激发对铁尾矿活性的影响

实验选用 CaO、$CaCl_2$、Na_2SO_4、Ns_2SiO_4 四种化学激发剂活化铁尾矿，活化剂均为市售，具体见表6.5。

6.5　化学活化剂纯度

试剂名称	试剂纯度	试剂名称	试剂纯度
CaO	≥98%	Na_2SO_4	≥96%
$CaCl_2$	≥97%	Ns_2SiO_4	≥97%

将铁尾矿和化学激发剂一起加入球磨机，混合球磨40min，化学激发剂掺量分别为0.5%、1%、1.5%、2%。空白组为只加水泥不掺加铁尾矿制作成的胶砂试块，实验组以30%的铁尾矿替代水泥，铁尾矿为原状铁尾矿经过球磨40min并且加入不同种类不同掺量的化学活化剂后的试样。

（1）激发剂 CaO 对铁尾矿活性的影响。不同掺量的 CaO 对铁尾矿强度和活性指数的影响见表6.6和表6.7。

表6.6　不同掺量 CaO 胶砂7d、28d 强度

掺量/%	7d 抗折强度/MPa	7d 抗压强度/MPa	28d 抗折强度/MPa	28d 抗压强度/MPa
0	5.8	31.4	7.8	43.3
0.5	5.3	27.6	6.3	37.4
1.0	5.7	30.3	7.2	40.4
1.5	5.2	26.7	6.2	36.5
2.0	4.9	25.4	6.0	35.3

表6.7　不同掺量 CaO 铁尾矿活性指数

掺量/%	活性指数/%	掺量/%	活性指数/%
0.5	86.3	1.5	84.2
1.0	93.3	2.0	81.5

通过对以上数据分析可发现，当 CaO 掺量为1.0%时，7d 和28d 的抗折抗压强度最大，活性指数也最大，达到了93.3%。掺量从1%逐渐增加时，活性指数呈现下降趋势。掺加到2.0%时，活性指数下降到了81.5%。

（2）激发剂 $CaCl_2$ 对铁尾矿活性的影响。不同掺量的 $CaCl_2$ 对铁尾矿强度和活性指数的影响见表6.8和表6.9。

表 6.8 不同掺量 CaCl₂ 胶砂 7d、28d 强度

掺量/%	7d 抗折强度/MPa	7d 抗压强度/MPa	28d 抗折强度/MPa	28d 抗压强度/MPa
0.5	4.8	24.2	5.8	34.3
1.0	4.6	21.2	5.6	31.8
1.5	4.5	19.8	5.4	29.6
2.0	4.4	19.1	5.3	29.4

表 6.9 不同掺量 CaCl₂ 铁尾矿活性指数

掺量/%	活性指数/%	掺量/%	活性指数/%
0.5	79.2	1.5	68.3
1.0	73.4	2.0	67.9

通过分析以上数据可以发现,当 CaCl₂ 掺量为 0.5 时,7d 和 28d 的抗折抗压强度最大,活性指数也最大,达到了 79.2%。活性指数随 CaCl₂ 掺量的增加呈下降趋势,掺加到 2.0% 时,活性指数下降到了 67.9%。

(3)激发剂 Na₂SO₄ 对铁尾矿活性的影响。不同掺量的 Na₂SO₄ 对铁尾矿强度和活性指数的影响见表 6.10 和表 6.11。

表 6.10 不同掺量 Na₂SO₄ 胶砂 7d、28d 强度

掺量/%	7d 抗折强度/MPa	7d 抗压强度/MPa	28d 抗折强度/MPa	28d 抗压强度/MPa
0.5	4.5	22.5	5.8	28.1
1.0	4.6	25.7	6.0	30.4
1.5	4.9	26.3	6.3	31.3
2.0	5.3	28.3	6.6	33.9

表 6.11 不同掺量 Na₂SO₄ 铁尾矿活性指数

掺量/%	活性指数/%	掺量/%	活性指数/%
0.5	64.9	1.5	72.2
1.0	70.2	2.0	78.3

通过分析以上数据可以发现,当 Na₂SO₄ 掺量为 2.0% 时,7d 和 28d 的抗折抗压强度最大,活性指数也最大,达到了 78.3%。当掺量从 0.5% 逐渐提高时,活性指数随掺量的增加呈上升趋势。

(4)激发剂 Na₂SiO₃ 对铁尾矿活性的影响。不同掺量的 Na₂SiO₃ 对铁尾矿强度和活性指数的影响见表 6.12 和表 6.13。

表 6.12 不同掺量 Na₂SiO₃ 胶砂 7d、28d 强度

掺量/%	7d 抗折强度/MPa	7d 抗压强度/MPa	28d 抗折强度/MPa	28d 抗压强度/MPa
0.5	5.2	26.4	6.1	36.3
1.0	5.5	28.6	6.5	38.8
1.5	4.7	26.6	5.6	35.9
2.0	4.5	25.3	5.5	34.7

表 6.13 不同掺量 Na₂SiO₃ 铁尾矿活性指数

掺量/%	活性指数/%	掺量/%	活性指数/%
0.5	83.8	1.5	82.9
1.0	89.6	2.0	80.1

通过对以上数据分析可以发现，当 Na₂SiO₃ 掺量为 1.0% 时，胶砂试块 7d 和 28d 的抗折抗压强度最高，此时活性指数也最高，达到了 89.6%。当掺量从 0.5% 提高到 1.0%，活性指数有了明显的上升；当掺量从 1.0% 再增加时，活性指数开始呈下降趋势；当掺量为 2.0% 时，活性指数下降到了最低值 80.1%。

对四种不同激发剂的活性指数进行对比分析，可以明显看出当选用 CaO 作为激发剂时活性指数远高于其他三种激发剂，CaO 最佳掺量为 1.0%。

6.5 机械球磨－化学激发提高铁尾矿活性的机理

对净浆试块进行 SEM 和 XRD 观察分析，以此来研究机械力化学活化激发铁尾矿火山灰活性的机理。

图 6.4 为铁尾矿球磨 20min 和 40min 后掺入水泥制成的净浆试块扫描电镜图

图 6.4 不同球磨时间铁尾矿制成的净浆试块 SEM 图

(a) 20min；(b) 40min

片。对比后发现，粉磨 40min 的水泥净浆试块在致密性上比粉磨 20min 的试块要高得多，孔隙更少，水化产物更多。由此可以推断机械力活化激发铁尾矿火山灰活性的机理是粉磨过程中机械力通过改变铁尾矿的比表面积，造成铁尾矿的颗粒形态变化。粉磨后期机械力弱化了铁尾矿中矿物的晶体结构，表面活性因此增加，导致铁尾矿可以和氢氧化钙反应生成具有水硬性的产物而显现其火山灰活性。经过机械力粉磨后，铁尾矿粒度发生了改变，小颗粒更多，产生了大量新表面，使铁尾矿表面自由能增加。因此与水泥拌合反应后，粉磨后的铁尾矿形成的试块其孔隙率要比粉磨前低得多，密实性更优，水化产物更多，具有更优良的力学性能。

通过对图 6.5 中掺入 1% 不同激发剂制作出的净浆试块扫描电镜图像对比分析发现，在掺加 CaO 作为激发剂的情况下，净浆试块的致密性比其他激发剂更好，孔隙率更低，水化产物更多，因此其强度更高。

图 6.5　掺入 1% 不同激发剂净浆试块的 SEM 图
（a）CaO；（b）$CaCl_2$；（c）Na_2SO_4；（d）Na_2SiO_3

　　球磨不同时间的铁尾矿制成的净浆试块 28d 的 XRD 图谱如图 6.6 所示。通过观察 Ca(OH)₂ 特征峰的变化可以发现随着粉磨时间的增加特征峰高度逐渐降低，说明 Ca(OH)₂ 的量在减少。

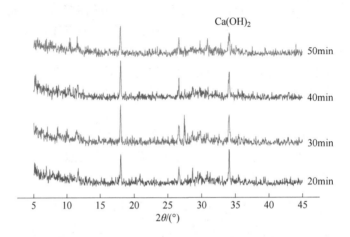

图 6.6　不同球磨时间铁尾矿制成的净浆试块 XRD 图谱

　　铁尾矿球磨时掺入 1% 的不同种类激发剂制成的净浆试块 28d 的 XRD 图谱如图 6.7 所示。通过对比可以发现，掺入 CaO 作为激发剂的净浆试块其 Ca(OH)₂ 特征峰的高度低于其他三种激发剂，说明掺入 CaO 作为激发剂的净浆试块 Ca(OH)₂ 的量最少。

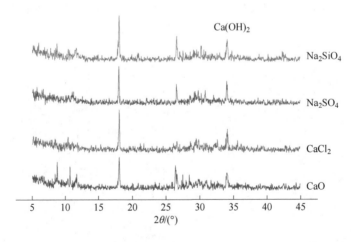

图 6.7　掺入 1% 不同激发剂制成的净浆试块 XRD 图谱

　　通过分析图 6.6 和图 6.7 可以发现，机械力 - 化学活化提高了铁尾矿的活性，促使更多的铁尾矿和水泥水化产生的 Ca(OH)₂ 进行反应，使净浆试块水化

28d 的 Ca(OH)$_2$ 减少，生成了更多的水化产物，从而起到激发铁尾矿火山灰活性的作用。

6.6 铁尾矿蒸养砖制备技术

利用铁尾矿替代天然原材料制备蒸养砖是其规模化利用的主要途径。朱敏聪用低硅尾矿制成承重标准砖，对成型压力、胶凝材料用量、物料含水率和养护制度等因素进行了单因素分析。试验得出了蒸压砖的抗压和抗折强度机理：粉煤灰－矿渣基激发胶凝材料通过提高水化反应速度，生成更多的托贝莫来石和 CSH（Ⅰ）等水化产物。赵云良利用鄂西低硅赤铁矿尾矿、当地石灰石和适量黄砂制备蒸压砖，分别对配方设计、搅拌工艺和成型压力的力学性质，深入进行 XRD 和 SEM 微观分析。最佳配合比为：赤铁矿尾矿：石灰：黄砂 = 70%：15%：15%（质量分数），分 2 次进行搅拌，在 20MPa 压力、1.2MPa 蒸汽压力、蒸压 6h 条件下蒸养的蒸压砖，测得平均抗压强度为 22.20MPa，平均抗折强度为 4.41MPa。

贾清梅通过对铁尾矿的性质基础上进行探究，研究了以铁尾矿为主要原料制备蒸压尾矿砖的方法，并测试其主要的理化性能，其性能均能达到要求，大大地提升了尾矿综合开发利用，并为以后资源循环利用、提高经济效益，开辟了新的道路。朱敏聪利用矿山尾矿制作蒸压砖，压制成型的蒸压砖质量为 2850g，原料最佳配和比为尾矿占 78%、石灰占 20%、石膏 2%，水灰比为 15%，蒸压制度为升温时间为 2h、恒温时间为 12h、自然降温时间为 3h。成型压力为 25MPa，单块最小抗压强度为 15.2MPa，平均抗压强度为 17.5MPa，达到 MU15 级砖的要求。王玉峰利用选铁尾矿和粗粒河砂制备灰砂砖，74% 的尾矿、15% 的河砂、11% 的石灰以及占 2% 磷石膏质量的石灰，测得密度为 1900 ~ 2000kg/m³、抗压强度为 21.5MPa 的灰砂砖，达到 MU20 级砖的全部性能要求。张锦瑞以铁尾矿制备蒸压尾矿砖，对不同因素（尾矿、粉煤灰、粗骨料、水泥、外加剂、水）不同掺量进行了单因素试验，蒸养前的准备：开始抽真空 0.5 ~ 1h，快速升温 2.5h，190℃恒温下 8h（压力保持在 1.6MPa）、自然降温 2.5h。力学性能测试均满足标准。

6.6.1 铁尾矿蒸养砖的制备

对选铁尾矿进行水洗、烘干、粉磨、过筛；脱硫石膏 45℃烘干备用；消石灰粉粒度小于 0.075mm。以铁尾矿、脱硫石膏、消石灰为原料制备蒸养砖，设计配方见表 6.14 ~ 表 6.17，按照图 6.8 工艺流程制备直径为 40mm，厚度 10mm 的坯样。

表6.14 铁尾矿蒸养砖配合比 1

铁尾矿细度	消石灰掺量(质量分数)/%	脱硫石膏掺量(质量分数)/%	水灰比/%	成型压力/MPa
粉磨20min	20	2	15	20
粉磨30min	20	2	15	20
粉磨40min	20	2	15	20
粉磨50min	20	2	15	20

表6.15 铁尾矿蒸养砖配合比 2

消石灰掺量(质量分数)/%	铁尾矿细度	脱硫石膏掺量(质量分数)/%	水灰比/%	成型压力/MPa
5	粉磨40min	2	15	20
10	粉磨40min	2	15	20
15	粉磨40min	2	15	20
20	粉磨40min	2	15	20
25	粉磨40min	2	15	20

表6.16 铁尾矿蒸养砖配合比 3

脱硫石膏掺量(质量分数)/%	铁尾矿细度	消石灰掺量(质量分数)/%	水灰比/%	成型压力/MPa
0	粉磨40min	20	15	20
1	粉磨40min	20	15	20
2	粉磨40min	20	15	20
3	粉磨40min	20	15	20
4	粉磨40min	20	15	20

表6.17 铁尾矿蒸养砖配合比 4

成型压力/MPa	铁尾矿细度	消石灰掺量(质量分数)/%	脱硫石膏掺量(质量分数)/%	水灰比/%
10	粉磨40min	20	2	15
15	粉磨40min	20	2	15
20	粉磨40min	20	2	15
25	粉磨40min	20	2	15
30	粉磨40min	20	2	15

将固体原料称量后,首先在不加水的情况下在搅拌机中搅拌2min,观测混合效果,均匀混合的标准为颜色均一、无颗粒结块、无明显分层。混合均匀后,再加入称量好的水,继续搅拌3min,物料颜色均一,无黏聚、无成球现象。

将混合料倒入模具中,在手动压片机上压制成型,手动加压至预定压力,保

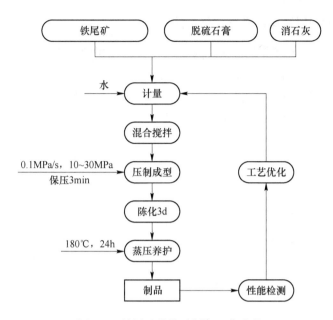

图 6.8 铁尾矿蒸养砖制备工艺流程

压 3min，让物料充分压实。压制好的坯样，陈化后平放在蒸压釜内，两块坯样的间距不得小于 20mm，平放时应尽量避免因碰撞、摩擦而导致的缺棱掉角。升温过程为全功率加热至设计温度，从室温升至 100℃缓慢升温，100℃后迅速升温，2h 完成升温阶段，升温完毕后程序自动控制恒温 24h，保温结束后停止加热，自然降温至低于 50℃时，开釜取出蒸压试样。铁尾矿蒸养试样如图 6.9 所示。

图 6.9 铁尾矿蒸养试样

6.6.2 粉磨时间对铁尾矿蒸养砖强度的影响

铁尾矿粉磨时间对蒸压砖强度的影响如图 6.10 所示，随着粉磨时间的延长，抗压强度逐渐增加。粉磨 40min 的抗压强度为 20.3MPa，是粉磨 20min 抗压强度的 1.3 倍，抗压强度提高明显。在粉磨 40min 后抗压强度增加缓慢，粉磨 40min 只比粉磨 50min 的抗压强度低 0.5MPa，综合分析，粉磨 40min 效果较好。

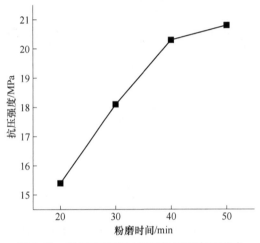

图 6.10　铁尾矿粉磨时间对抗压强度的影响

6.6.3 消石灰掺量对铁尾矿蒸养砖强度的影响

消石灰掺量对蒸压砖强度的影响如图 6.11 所示，随着消石灰用量的递增，

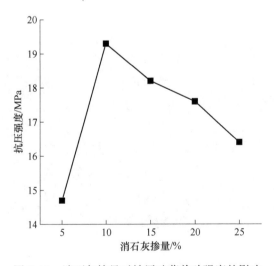

图 6.11　消石灰掺量对铁尾矿蒸养砖强度的影响

抗压强度先升高后下降，在用量增加到 10% 的时候，抗压强度最高，到达 19.3MPa，比消石灰掺量 15% 时高 1.1MPa，是消石灰掺量 5% 时的 1.3 倍。消石灰的较优用量为 10%。

6.6.4 脱硫石膏掺量对铁尾矿蒸养砖强度的影响

石膏掺量对铁尾矿抗压强度的影响如图 6.12 所示，随着石膏掺量的增加，抗压强度先增加后减少，石膏掺量 1% 的时候，抗压强度到达最高 20.4MPa，是石膏掺量 0% 的 1.17 倍，是石膏掺量 2% 的 1.21 倍，极大地提升了抗压强度，石膏的较优掺量为 1%。

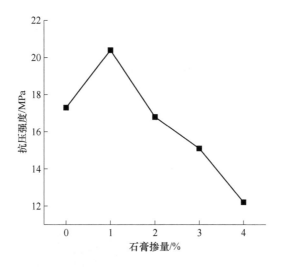

图 6.12 石膏掺量对铁尾矿蒸养砖强度的影响

6.6.5 成型压力对铁尾矿蒸养砖强度的影响

成型压力对抗压强度的影响如图 6.13 所示，随着成型压力的升高，抗压强度先增加后减少，在 10 ~ 25MPa 之间，抗压强度逐渐增加，在 25MPa 下达到最高，抗压强度最高为 18.9MPa。但 25MPa 的抗压强度只比 20MPa 的抗压强度提高了 0.1MPa，基本持平，增加效果不明显。甚至在达到 30MPa 的时候出现了下降的趋势，由此得知较优成型压力为 20MPa。

6.6.6 铁尾矿蒸养标准砖制备技术

经过以上试验，确定配比为粉磨 40min 的铁尾矿、15% 水、10% 消石灰和 1% 脱硫石膏，在 20MPa 的压力下制成 240mm × 115mm × 53mm 的砖坯，经 180℃ 蒸养 24h 制备铁尾矿蒸压标准砖。

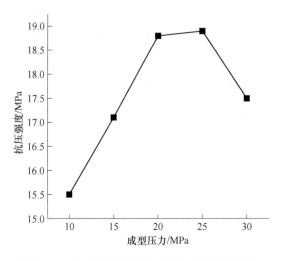

图 6.13　成型压力对铁尾矿蒸养砖强度的影响

6.6.6.1　尺寸及外观质量

所制备的铁尾矿蒸压标准砖如图 6.14 所示，蒸养砖外观质量检测主要是检测砖是否出现裂纹、凸起、掉边等。铁尾矿蒸养砖的尺寸偏差及外观质量如表 6.18 所示。蒸养砖在蒸养前后的尺寸变化满足《蒸压粉煤灰砖》(JC/T 239—2014)要求，无缺棱掉角、开裂等现象且蒸养前后色差不明显。

图 6.14　铁尾矿蒸压标准砖

6.6.6.2　强度

采用铁尾矿、脱硫石膏、消石灰为主要原料，按照图 6.8 工艺流程制备铁尾矿砖，抗压抗折强度如表 6.19 所示。铁尾矿蒸养砖的强度为 15.9MPa，达到 MU15 等级。$Ca(OH)_2$ 提高了铁尾矿砖的碱度，激发了铁尾矿的潜在活性，发生二次水化，进而提高了蒸压砖的强度。

表 6.18 铁尾矿蒸养砖的尺寸偏差及外观质量

试样编号	尺寸/mm			尺寸偏差 (长、宽、高)/mm	外观质量	体积密度 /g·cm⁻³
	长	宽	高			
1	240.5	115.0	53.0	≤1	无裂纹、无缺棱掉角	1.92
2	240.5	115.0	53.5	≤1	无裂纹、无缺棱掉角	1.91
3	240.5	115.5	53.5	≤1	无裂纹、无缺棱掉角	1.91

表 6.19 铁尾矿蒸养砖的强度

序　号	抗折强度/MPa	抗压抗折强度/MPa
1	3.9	15.8
2	4.1	15.3
3	4.0	16.5
平均值	4.0	15.9

6.6.6.3 抗冻性

冻融性能是衡量砖的耐久性的重要指标之一，对有抗冻保温要求地区的建筑，此项指标尤其重要。Powers 提出的蒸养砖冻融破坏静水压假说指出，冻融过程中体系中的结合水是不结成冰的，冻融破坏的是蒸养砖结构中留存的自由水。在冻融过程中，自由水结冰膨胀，使得砖体内部产生压力，破坏体系结构。

表 6.20 和表 6.21 分别为铁尾矿蒸养砖冻融后强度损失和质量损失。冻融后并未出现缺棱掉角、裂纹现象；冻融后强度损失 11.3%，质量损失 0.68%，符合《蒸压粉煤灰砖》(JC/T 239—2014) 标准中蒸养砖冻融后质量损失应不大于 5，抗压强度损失率应不大于 25 的要求。

表 6.20 铁尾矿蒸养砖冻融后强度损失

编　号	抗压强度/MPa	平均值/MPa	强度损失率/%
1	15.3		
2	13.2	14.1	11.3
3	12.8		

表 6.21 铁尾矿蒸养砖冻融后质量损失

编号	冻融前质量/g	冻融后质量/g	冻融损失率%	平均值%
1	2807.6	2789.5	0.64	
2	2811.7	2788.9	0.81	0.68
3	2862.2	2845.7	0.58	

6.7　本章小结

（1）随着球磨时间不断延长，铁尾矿的粒径逐渐减小。粉磨 20min 时，D_{50} 和 D_{90} 为 2.57μm 和 35.33μm，粉磨 40min 时，D_{50} 和 D_{90} 减小至 2.01μm 和 16.07μm，继续延长粉磨时间至 50min，粒径不再发生明显变化。

（2）机械力活化可以激发铁尾矿火山灰活性，随着铁尾矿粉磨时间的延长，铁尾矿的活性指数逐渐增大。粉磨 20min 时，活性指数为 70.6%，粉磨 40min 时，活性指数提升至 85.7%，粉磨时间延长至 50min，活性指数不再发生明显变化。

（3）机械球磨－化学激发可以提高铁尾矿的火山灰活性。对比 CaO、$CaCl_2$、Na_2SO_4、Ns_2SiO_4 四种化学激发剂，掺入 1.0% CaO 作为激发剂时，铁尾矿火山灰活性最大，28d 活性指数达到了 93.3%。

（4）通过单因素法，对铁尾矿的粉磨时间、生石灰掺量、脱硫石膏掺量、成型压力、水灰比等不同因素的研究，得出铁尾矿制备蒸养砖的较优配比为粉磨 40min 的铁尾矿、10% 的石灰、1% 的石膏、15% 的自来水；以此配方制备的铁尾矿蒸养砖强度为 15.9MPa，冻融后强度损失 11.3%、质量损失 0.68%，达到《蒸压粉煤灰砖》（JC/T 239—2014）中 MU15 等级。

参 考 文 献

[1] 赖才书，胡显智，字富庭．我国矿山尾矿资源综合利用现状及对策 [J]．矿产综合利用，2011（4）：11～14.

[2] 谭宝会，朱强，陈莹，等．我国尾矿综合利用现状及存在的问题和发展对策 [J]．矿山机械，2013，41（11）：1～4.

[3] 王儒，张锦瑞，代淑娟．我国有色金属尾矿的利用现状与发展方向 [J]．现代矿业，2010（6）：5～8.

[4] 高树军，吴其胜，张少明，等．机械力化学方法活化矿渣研究 [J]．南京工业大学学报（自科版），2002，24（6）：61～66.

[5] 王志强．硅质尾矿火山灰活性的机械力化学活化研究 [D]．青岛：山东科技大学，2017.

[6] 郑永超．机械力化学效应对铁尾矿反应活性的影响机理研究 [J]．江西建材，2015（12）：100～103.

[7] 朴春爱，王栋民，张力冉，等．化学－机械耦合效应对铁尾矿粉胶凝活性的影响 [J]．应用基础与工程科学学报，2016（6）：1100～1109.

[8] 蒙朝美，侯文帅，战晓菁．机械力活化高硅型铁尾矿粒度及活性分析研究 [J]．绿色科技，2014（11）：228～230.

[9] 王志强，吕宪俊，褚会超，等．尾矿的火山灰活性及其在水泥混合材料中的应用 [J]．硅酸盐通报，2017（1）：97～103.

[10] 李北星，陈梦义，王威，等．养护制度对富硅铁尾矿粉的活性及其浆体结构的影响 [J]．武汉理工大学学报，2013，35（8）：1～5．

[11] 朴春爱．铁尾矿粉的活化工艺和机理及对混凝土性能的影响研究 [D]．徐州：中国矿业大学，2017．

[12] 郑永超，倪文，郭珍妮，等．铁尾矿制备高强结构材料的试验研究 [J]．新型建筑材料，2009（3）：4～6．

[13] 叶家元，钟卫华，张文生，等．铝土矿选尾矿制备碱激发胶凝材料的性能 [J]．水泥，2010（6）：5～7．

[14] 秦景燕．超细粉碎中的机械力化学效应 [J]．矿山机械，2005，33（10）：7～9．

[15] 易忠来．热活化对铁尾矿胶凝活性的影响 [J]．武汉理工大学学报，2009（12）：5～9．

[16] 王安岭．铁尾矿粉用作混凝土掺合料的活性研究 [J]．混凝土世界，2013（8）：66～71．

[17] 郝保红．超细粉磨时铁尾矿化学键变化的红外光谱分析 [J]．矿冶工程，2014（9）：22～27．

[18] 李振兴，方莹．机械力化学效应在矿物粉体深加工中的应用 [J]．中国非金属矿工业导刊，2005（5）：32～36．

[19] 焦向科，张一敏，陈铁军．高硅钒尾矿作水泥混合材的试验研究 [J]．新型建筑材料，2012（9）：4～6．

[20] Zhao S, Fan J, Wei S. Utilization of iron ore tailings as fine aggregate in ultra-high performance concrete [J]. Construction & Building Materials, 2014, 50 (2)：540～548.

[21] Shetty K, Nayak G, Vijayan V. Use of red mud and iron tailings in self-compacting concrete [J]. International Journal of Research in Engineering and Technology, 2014, 3 (6)：111～114.

[22] Li C, Sun H, Yi Z, et al. Innovative methodology for comprehensive utilization of iron ore tailings：part 2：The residues after iron recovery from iron ore tailings to prepare cementitious material. [J]. Journal of Hazardous Materials, 2010, 174 (1)：78～83.

[23] Ozlem C, Iffet Y E, Sabriye P. Utilization of gold tailings as an additive in Portland cement [J]. Waste Manag. Res, 2006, 24 (3)：215～224.

[24] Caijun Shi, Rebert L Day. Pozzolanic reaction in the presence of cement chemical activators Part I. Reaction kinetics [J]. Cement and Concrete Research, 2000, 30 (1)：51～58.

[25] Cheng Y, Huang F, Li W, et al. Test research on the effects of mechanochemically activated iron tailings on the compressive strength of concrete [J]. Construction and Building Materials, 2016, 118：164～170.

[26] Zheng K R. Influences of phosphate tailings on hydration [J]. Construction and Building Materials, 2015, (98)：593～597.

[27] Guo Z, Feng Q, Wang W, et al. Study on Flotation Tailings of Kaolinite-type Pyrite when Used as Cement Admixture and Concrete Admixture [J]. Procedia Environmental Sciences, 2016, 31：644～652.

[28] Ryou J. Improvement on reactivity of cementitious waste materials by mechanochemical activation

[J]. Materials Letters, 2004, 58 (6): 19~27.

[29] Pierre, Adamiec, Jean-Charles, et al. Pozzolanic reactivity of silico-aluminous fly ash [J]. Particuology, 2008, 6 (2): 93~98.

[30] Taylor H F W. Cement chemistry [M]. London, 1997: 212.

[31] 蒋京航, 叶国华, 胡艺博, 等. 铁尾矿再选技术现状及研究进展 [J]. 矿冶, 2018, 27 (1): 1~4.

[32] 邓文, 江登榜, 杨波, 等. 我国铁尾矿综合利用现状和存在的问题 [J]. 现代矿业, 2012, 28 (9): 1~3.

[33] 刘志森. 关于尾矿渣处理的解决方案——尾矿渣用于建材的探讨 [J]. 砖瓦, 2016 (8): 34~36.

[34] 杨家宽, 谢永中, 刘万超, 等. 磷石膏蒸压砖制备工艺及强度机理研究 [J]. 建筑材料学报, 2009, 12 (3): 352~355.

[35] 李从典. 我国蒸压砖发展现状和前景 [J]. 墙材革新与建筑节能, 2010 (1): 38~41.

[36] 朱敏聪, 朱申红, 夏荣华. 利用矿山尾矿制作蒸压砖的试验研究 [J]. 新型建筑材料, 2007, 34 (11): 30~32.

[37] 陈建波, 赵连生, 曹素改. 利用低硅尾矿制备蒸压砖的研究 [J]. 新型建筑材料, 2006 (12): 58~61.

[38] 赵云良, 张一敏, 陈铁军. 采用低硅赤铁矿尾矿制备蒸压砖 [J]. 中南大学学报: 自然科学版, 2013, 44 (5): 1760~1765.

[39] 袁善磊, 付强. 金矿尾矿粉生产蒸压砖的研究 [J]. 砖瓦, 2013 (10): 13~14.

[40] 贾清梅, 张锦瑞, 李凤久. 高硅铁尾矿制取蒸压尾矿砖的研究 [J]. 中国矿业, 2006, 15 (4): 39~41.

[41] 万莹莹, 李秋义, 姜利明. 利用建筑垃圾生产蒸压砖 [J]. 山东建材, 2007 (1): 44~47.

[42] 任伟. 提铝粉煤灰蒸压砖的试验研究 [J]. 广州化工, 2014, 42 (11): 50~52.

[43] 王玉峰. 选铁尾矿回收云母选矿试验 [J]. 现代矿业, 2013, 29 (6): 31~34.

[44] 张锦瑞, 倪文, 贾清梅. 唐山地区铁尾矿制取蒸压尾矿砖的研究 [J]. 金属矿山, 2007 (3): 85~87.

7 提铝粉煤灰残渣轻质保温板制备技术

7.1 提铝粉煤灰残渣资源化背景与意义

7.1.1 提铝粉煤灰残渣资源化的必然趋势

我国是氧化铝及其制品的生产与消费大国，但我国铝土矿资源极度缺乏，这造成了我国铝土矿主要依靠进口的局面，并使得氧化铝企业的原料供应及其价格受制于国外大型原料厂商。粉煤灰是火力发电厂燃煤锅炉排放的废渣，一般每消耗 4t 电煤就会产生 1t 左右的粉煤灰，由于粉煤灰排放量过大且有效利用不足，我国大量粉煤灰处于堆存状态，每年新增粉煤灰 1 亿吨以上，累计堆存量已达到 20 亿吨，对生态环境和人体健康造成了严重危害。粉煤灰中 Al_2O_3 含量为 15% ~ 40%，高者甚至超过 50%，相当于国外三水铝石矿的 Al_2O_3 含量。为了扩大我国铝资源储量，缓解我国铝土矿绝大部分依靠进口的局势，同时为了降低粉煤灰堆存量，使粉煤灰中铝资源得到有效利用，广大科研工作者相继开展了高铝粉煤灰提铝技术的研究。

从高铝粉煤灰中提取氧化铝，需打破粉煤灰中的 Al—O—Si 的稳定结构，提高粉煤灰中铝的活性，因此对粉煤灰进行矿物改性是必要的。目前从粉煤灰中提铝的方法主要有烧结法、酸浸法、酸碱联合法等。以预脱硅 – 碱石灰石烧结法应用最为普遍，即利用铝硅在氢氧化钠溶液中的溶解性能差异，首先用一定浓度的氢氧化钠溶液处理粉煤灰，以去除粉煤灰中的玻璃相 SiO_2，提高粉煤灰的铝硅比。预脱硅后的粉煤灰、Na_2CO_3、石灰石混合烧结，其中铝与 Na_2CO_3 生成 $NaAlO_2$，硅与石灰石烧结转化为 $2CaO \cdot SiO_2$，经熟料破碎、湿磨溶出、分离后得到提铝残渣，滤液进行碳化（$NaAlO_2 + CO_2 + H_2O \rightarrow Al(OH)_3 + Na_2CO_3$）、过滤、焙烧后得到 Al_2O_3，该工艺能够大幅提高粉煤灰中的铝硅比，提高烧结效率，增加 Al_2O_3 产量。粉煤灰经过提铝后，粉煤灰中玻璃微珠结构遭到严重破坏，以及颗粒表面受到严重腐蚀，使得粉煤灰残渣颗粒呈多孔、疏松结构，从而具有粒度细、比表面积大、活性高等特点。如果能够充分利用粉煤灰提铝残渣硅资源使其资源化利用，这不仅对提高粉煤灰综合利用率具有重要的意义，而且可以缓解粉煤灰提铝残渣因排放堆积带来的二次污染。

高铝粉煤灰以预脱硅 – 碱石灰石烧结法提取氧化铝后的残渣呈白色粉状物，

其组成为层状硅酸盐矿物，主要成分为 SiO_2（约35%）和 CaO（约40%）。随着粉煤灰提取氧化铝工业化生产飞速发展，排出的粉煤灰提铝残渣问题日益突出。如何解决粉煤灰提铝残渣堆积带来的二次污染成为粉煤灰提取氧化铝生产企业面临解决的重大课题。

7.1.2 提铝粉煤灰残渣利用的瓶颈

高铝粉煤灰提铝后得到以硅、钙为主要成分的硅钙渣，由于其成分的缘故，适宜用作生产建筑材料的原材料。然而虽然硅钙渣现在在许多方面都有得到初步运用，硅钙渣中含有硅酸二钙可以用于水泥熟料的生产，疏松多孔密度大可以用于制备高强度陶粒，以及节能型瓷砖，增强沥青混合料等，但是在人们使用后还是会出现很多问题，对于这种材料的理解和认识不够完全，研究还不够彻底，都是限制其大范围应用的因素，所以现如今对于硅钙渣的利用相对于其产量和对计量来说依旧是杯水车薪。还有比较重要的一点是，有研究发现硅钙渣含有一部分植物生长所需的化学元素，比如硅、钙、钾等，所以有人提出过是否可以利用微生物对硅钙渣的改性来使之成为再造土壤，但是这些现如今还是只是处于研究和探索阶段，距离真正投入生产还是太遥远，一是由于成本的限制，二是由于相关技术人员人才方面的短缺。总而言之，经过提铝后产生的这种硅钙渣理论上可以在许多方面投入使用，但是却真正缺乏相关的深入研究和探索，导致人们对其了解不够，利用很难，实用成果很糟。

7.1.3 提铝粉煤灰残渣制备轻质保温板的可能性

硅酸钙板是具有先进性的墙体材料的一种，其不仅生产成本低廉，而且性能优异。硅酸钙板作为一种新型墙体材料具有轻质、高强、防水性好、不怕火、隔音好、隔热强、无污染、易加工等优良的性能。其主要原材料是硅质原料和钙质原料。

粉煤灰提铝残渣的主要成分是硅酸钙，把提铝粉煤灰残渣应用于硅酸钙板的制备，不仅减少了废弃物的二次污染，而且节约了资源。用提铝粉煤灰残渣为主要原材料制备出的板材的基本性能与普通硅酸钙板的性能是一样的，而且还具有良好的保温性能。

7.2 提铝粉煤灰残渣资源化现状

7.2.1 提铝粉煤灰残渣的利用状况

目前对粉煤灰提铝残渣综合利用的研究较少，且主要集中于生产水泥原料、化肥、蒸压砖等研究领域，具体如下。

（1）粉煤灰提铝残渣生产水泥。由于粉煤灰提铝残渣的主要物相为硅酸二钙，与水泥熟料具有一定的相似之处，因此，现有的粉煤灰提铝残渣资源化利用技术中以其生产水泥熟料的居多。20 世纪 50 年代波兰将适量石灰石配入残渣，然后进行煅烧，得到阿利特含量达 70% 的高胶凝性熟料；80 年代初，朱元基将其与石灰石配料，经过高温煅烧等处理之后，制得水泥成品；90 年代，徐银芳等采用 90% 的粉煤灰提铝残渣和 10% 的石灰石配料，在 1350～1400℃ 条件下高温煅烧，制得了性能符合要求的高标号硅酸盐水泥。温平则研究了粉煤灰提铝残渣掺量对水泥生料的易磨性和易烧性等性能进行了研究。专利 CN102276175A 发明了一种粉煤灰提铝残渣水泥，将粉煤灰提铝残渣、熟料和石膏按一定配比混合后，经水泥磨粉磨一定时间，所得细粉即为粉煤灰提铝残渣水泥；专利 CN102344258A 将粉煤灰提铝残渣、石灰石和铁矿石分别磨细，然后按一定配比混合均匀，最后煅烧得到水泥熟料。

（2）粉煤灰提铝残渣制备化肥。将粉煤灰提铝残渣烘干后，和各种不同的化肥按照一定的比例进行球磨，磨碎后经过造粒等工艺，作为化肥载体或直接生产化肥。

（3）粉煤灰提铝残渣制备蒸压砖。粉煤灰提铝残渣可以用来制备高掺量粉煤灰蒸压砖。将水泥、石膏、石灰、电石泥和外加剂等作为原料，复掺后可以制得满足各项相关性能指标的水泥 - 石灰 - 石膏激发体系和外加剂 - 水泥 - 石灰 - 石膏激发体系。掺激发剂制得的粉煤灰提铝残渣蒸压砖达到了标准《粉煤灰砖》（JC 239—2001） 中 MU10.0 等级各项指标的要求。

（4）制备陶粒。硅钙渣疏松多孔，密度较大，作为添加料，在烧制过程中，不仅能够与陶瓷其他成分很好融合，还能够极大增加陶瓷的强度，生产高性能的陶瓷。李侠等将硅钙渣、粉煤灰、黏土和硫铁矿渣先粉碎，然后按一定配比充分混合，加水造球；自然晾干后进行烧结，制出的陶粒不仅强度高，而且还解决了工业固体废弃物对环境的污染，为高铝粉煤灰提铝后的产物硅钙渣的利用提供了一条新途径。

（5）制造釉面瓷砖。利用硅钙渣作为原料制造一种釉面砖，釉面砖通常由陶土或瓷土为原料表面用釉料一起烧制而成，其吸水率和强度因原料不同而不同，加入硅钙渣可以改善其性能，增加其强度，做成节能型瓷砖。祁慧军等将硅钙渣、东胜黏土和竹鸡塔黏土按一定配比做坯烧制生产出节能型产品。

（6）增强沥青混合料。在建筑材料方面，硅钙渣还可以增强沥青混合料。张金山等将硅钙渣、沥青、集料和矿粉按一定配比混合而成，在沥青混合料中添加了硅钙渣，使沥青混合料的密度增大，孔隙率减少，流值增大，与石子等骨料的黏附力提高，使沥青混合料的级配更加合理，沥青混凝土更加密实，密度也随之增加，在高温下具备更强的抗剪能力和抗变形能力，延长沥青路面使用寿命。

（7）处理有机废水。利用水合硅酸钙渣质轻多孔，相对密度较小，吸附液体能力强等特点，经过改性后可以吸附处理有害的有机废水。

7.2.2   提铝粉煤灰残渣的研究现状

在粉煤灰的利用途径中，国外多用粉煤灰来制砖，英国用粉煤灰和少量黏土烧砖，美国则用粉煤灰来掺杂炉底灰和水玻璃烧砖；其次用粉煤灰来筑路，法国采用71%水淬矿渣和混合物筑路；美国采用粉煤灰和集料铺筑火山灰质柔性路面。苏联由于住房紧缺，加上冶金和电力工业的不断发展，将粉煤灰和矿渣等工业废料的利用，作为重要的发展方向。在欧美等发达国家粉煤灰在建筑材料方面的应用已获得广泛的推广。其包括各种建筑砌块、建筑板材等，而值得关注的是建筑板材的应用，在20世纪90年代初日本就已经占到了墙体材料总量的64%，美国达到47%。国外在墙体材料方面对于粉煤灰的研究与应用取得了巨大的进步。

在国外，20世纪中期一些国家就已经开始对从粉煤灰中提取Al_2O_3的技术进行研究，在50年代，波兰格日麦克Grzymek教授利用高铝煤矸石或高铝粉煤灰作为提取Al_2O_3的主要原料，从中提取到了Al_2O_3；到了70年代，匈牙利的塔塔邦发明了格日麦克–塔塔邦法的干烧结法；80年代，美国的田纳西州国立橡树岭核能研究所的研究人员将粉煤灰在内衬塑料的钢制容器内同HCl混合，$AlCl_3$晶体就从液体中析出，80年代后，又先后提出了酸溶沉淀法、烧结冷却法、烧结、稀酸过滤法等从粉煤灰中回收Al_2O_3的方法。烧结法是国内外最早提出的粉煤灰提取氧化铝技术方法，也是目前唯一运用于工业化生产的粉煤灰提取氧化铝技术。

据统计，西方一些国家的粉煤灰资源的利用率是比较高的，如荷兰粉煤灰的利用率为100%，法国的为75%，德国的为65%，而我国粉煤灰的利用率却还不足50%，所以我国粉煤灰的利用率是相对偏低的。美国报道用石灰石烧结法对氧化铝含量为20%的30万吨粉煤灰进行处理，以制取5万吨氧化铝，并生产45万吨水泥的设计方案，但未予实施。20个世纪60年代，波兰利用粉煤灰采用碱石灰法建成年产5000t氧化铝及35万吨水泥的实验工厂。近些年来国外有关这方面的报道较少，较新的研究成果是Park等采用明矾中间体法从粉煤灰中提取了氧化铝。

7.2.3   轻质硅酸钙板的研究现状

从节约资源和环保的方面考虑，国内外对粉煤灰的二次利用——提取氧化铝的研究是比较多的，但是对粉煤灰提取氧化铝之后的废渣的处理方法却很少提及。目前对硅钙渣的利用主要在以下几个方面：　（1）作为水泥的生产原料；

（2）用于生产化肥；（3）用于制备蒸压砖；（4）对其进行制备橡胶填料等的研究。20世纪90年代，在实验室的条件下，徐银芳等采用90%的硅钙渣和10%的石灰石配料，在1350~1400℃的条件下进行高温煅烧实验，结果制备出了性能与要求相一致的高标号硅酸盐水泥。

硅酸钙板作为一种新型的墙体材料，是将硅质材料和钙质材料按照一定的比例混合，也可以按照情况加入适量的纤维以及其他的物质。硅酸钙板具有轻质、高强、保温、体积收缩小等一系列的优点，在我国也有了较大的发展。但是一方面由于所用的原材料和能源动力价格以及运输成本的上涨；另一方面由于人们对建筑保温材料的要求越来越高等的影响使硅酸钙板行业在我国的发展受到了限制。对于新型的墙体材料的生产我们应该因地制宜，即是根据各地建筑的特色和资源的情况发展高性能和高质量的新型墙体材料。现在新型的墙体板材主要有以下几种：（1）轻质板材类：平板和条板；（2）复合板材类：外墙板、内隔墙板和外墙内保温板以及外墙内保温板。

硅酸钙板行业在我国的起步比较晚，在20世纪90年代才开始进入市场。目前硅酸钙板从销售情况来看与我国的其他类型的板材相比明显处于劣势，原因主要是以下几点：（1）价格较高，与目前的市场消费能力还不相适应；（2）宣传、营销力度薄弱，企业单独作战，没有形成大气候；（3）配套产品跟不上，应用技术不成熟；（4）产品质量不稳定，技术和装备的水平有待提高；（5）行业之间的交流少，技术信息都相互封闭，没有形成行业间的协作与共同进步。作者认为要解决硅酸钙板材的劣势首先要解决的就是它的价格问题。据不完全统计，目前我国墙体材料生产的能耗和建筑采暖的能耗每年就需要大约一亿五千万吨标准煤，大约占我国全年能耗总量的15%。众所周知用黏土材料制备的墙体材料的保温性差，生产过程中不仅毁坏大量的耕地、消耗大量的能源，而且在使用的过程中会造成大量的能源浪费以及对环境的严重破坏。因为粉煤灰提取氧化铝之后其主要成分是硅酸钙，所以可以用其制作硅酸钙板，不仅减少了对环境、大气、水资源的污染，减少了对耕地的侵占，而且节约了成本，使资源的利用达到了最大化。

7.3 利用提铝粉煤灰残渣制备轻质保温板的技术路径

以提铝粉煤灰残渣、矿物掺合料、水、激发剂、骨料等为原料，制备轻质保温板，系统研究粉煤灰提铝残渣的预处理工艺、矿物掺合料的类型与掺量、激发剂种类与掺量、成型工艺等因素对保温板强度、密度、导热系数、吸湿性等性能的影响，优化并建立适宜于粉煤灰提铝残渣为主要原料制备轻质保温板的工艺技术。

首先对粉煤灰提铝残渣的基本属性进行研究。利用 X 射线荧光光谱仪对干燥后的粉煤灰提铝残渣的化学组成进行分析，采用激光粒度分析仪对提铝残渣的粒度分布进行检测，采用 X 射线衍射仪对粉煤灰提铝残渣进行物相分析，用 pH 计对粉煤灰提铝残渣的酸碱性进行测定，采用扫描电子显微镜对提铝残渣表面进行观察等。

以提铝残渣为主要原料，并加入矿物掺合料、激发剂、砂、水等采用模压成型制备轻质保温板，研究提铝残渣的掺量、矿物掺合料的种类和用量、激发剂的种类和用量对轻质保温板导热系数、强度、密度的影响，通过对比试验，优化生产工艺，满足实际应用要求，得到轻质保温板的最佳工艺配方。

利用 XRD、EDS、FTIR、SEM、TG-DSC、XRF 等手段，结合原料的理化性质，优化制备工艺，在综合上述研究的基础上，进一步对粉煤灰提铝残渣制备轻质保温板过程中，粉煤灰提铝残渣、矿物掺合料、激发剂等之间发生的反应机理进行深入研究，为粉煤灰提铝残渣制备轻质保温板提供理论依据与技术指导。

7.4　提铝粉煤灰残渣基本特性

7.4.1　提铝粉煤灰残渣基本特性

实验所用残渣是高铝粉煤灰通过碱石灰石烧结法提取 Al_2O_3 后的尾渣。原渣是一种浅黄色粉状固体颗粒，含水率为30%～50%，长期放置的提铝残渣容易板结成块状固体，干燥后接近白色。

7.4.1.1　化学成分

利用 X 射线荧光光谱仪对干燥后的粉煤灰提铝残渣的化学组成进行分析，测试结果如表 7.1 所示。由表可知，粉煤灰提取 Al_2O_3 后的尾渣主要含有 Ca、Si 元素。Ca 来源于粉煤灰本身和碱石灰石烧结法提铝工艺，由于碱法提铝技术无法将铝完全提取，因此残渣中仍含有少量 Al 元素，Fe、Mg 等元素则是原粉煤灰中固有的。

表 7.1　提铝残渣的化学成分

成　分	Al_2O_3	SiO_2	Fe_2O_3	TiO_2	K_2O	Na_2O	CaO	MgO	烧失量
含量(质量分数)/%	5.84	34.31	2.01	1.35	0.02	1.93	38.57	0.78	16.00

7.4.1.2　粒度分布

采用激光粒度分析仪对提铝残渣的粒度分布进行检测，结果如图 7.1 所示。$D_{10} = 6.71\mu m$，$D_{50} = 17\mu m$，$D_{90} = 30.74\mu m$。锥形球磨机球磨 1h 粒度为 $D_{10} =$

$1.72\mu m$, $d_{50} = 6.05\mu m$, $d_{90} = 13.59\mu m$; 球磨 2h 粒度为 $D_{10} = 1.65\mu m$, $D_{50} = 2.2\mu m$, $D_{90} = 9.72\mu m$。可以通过球磨对提铝残渣进行活化处理。

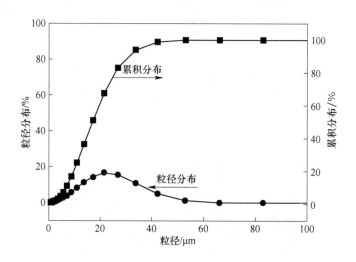

图 7.1 提铝残渣的粒度分布

7.4.1.3 物相组成

采用 X 射线衍射仪（荷兰帕纳科，X Pert PRO MPD，管电压为 40kV，电流为 40mA，扫描步长为 0.02°，Cu 靶）对提铝粉煤灰残渣进行物相分析，结果如图 7.2 所示。由图可知提铝残渣主晶相为硅酸二钙、$CaCO_3$、$Ca(OH)_2$ 等，另有少量其他矿物相。

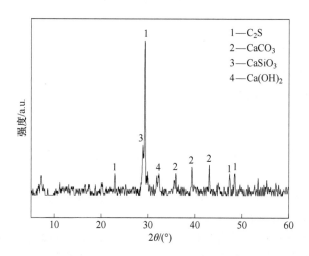

图 7.2 提铝粉煤灰残渣的 XRD 图谱

7.4.1.4　酸碱性测定

称取1g粉煤灰提铝残渣放入500mL的烧杯中，加入200mL蒸馏水，超声波分散5min，搅拌5min，静置30min取上层清液，用pH计测得pH值为10.61，呈碱性。

7.4.1.5　显微形貌

采用扫描电子显微镜对提铝残渣表面进行观察，结果如图7.3所示。可以看出，碱法提取Al_2O_3过程对粉煤灰颗粒表面造成了严重腐蚀，颗粒大小不均、表面粗糙不平，玻璃微珠结构遭到破坏，呈疏松多孔状。表面疏松多孔有利于提高残渣的活性。

图7.3　提铝残渣的SEM图

7.4.2　轻质保温板的性能测试方法

7.4.2.1　表观密度测定

轻质板的表观密度由干表观密度表征，如式（7.1）所示：

$$\rho = \frac{m}{V} \tag{7.1}$$

式中，m为试件质量，g；V为试件体积，mm^3，精确至0.01。

7.4.2.2　强度测试

将养护好的试件（40mm×120mm×10mm）通过水泥胶砂抗折试验机做抗折试验，具体测试方法如下。

（1）将常温养护好的石膏板样放在抗折试验机上，调整加载速度至（4.8±0.1）kN·s，均匀加载，直到试样断裂，记录最大破坏荷载P。

（2）实验数据处理。石膏板的抗折强度f_c按式(7.2)计算(精确至0.1MPa)。

$$f_c = \frac{3PL}{2bh^2} \tag{7.2}$$

式中，f_c 为试样试件的抗折强度，MPa；P 为最大破坏荷载，N；L 为跨距，mm；b 为试样宽度，mm；h 为试样厚度，mm。

其中，每组试样不少于 3 块。测得的数值以试样的抗折强度的算术平均值表示，其中单个试样测量值不超过平均值的 10%，若有两个试样测量值超过平均值的 10%，需重新制备试样。试件强度精确至 0.1MPa。

根据国标的规定，测量保温砖抗压强度的试样应是同一块试样分为两截，两半截砖切断口相反叠放，叠合部分不小于 100mm。另外在叠合部位可以用水泥净浆将两半块砖粘黏在一起，上下两面都用厚度不超过 3mm 的同种水泥浆来抹平，制得的试件上下两面必须相互平行，并且垂直于侧面，即可得到抗压试样。抗压试样如图 7.4 所示。

图 7.4 抗压强度式样

抗压强度也是保温砖重要的力学性能之一。抗压强度是利用 CM15105 电子万能试验机。将试样拿出来安放在下承压板上，试件的中心应与试验机下压板的中心对准。然后启动试验机，当上压板与试件刚要接触时，调整试件使其与下压板接触均衡。加压时应该连续而均匀地加荷，荷载速度取 100MPa/s。当试件破坏后，记录试件所承受的最大压力，然后根据式（7.3）计算其抗压强度 f_{cp}。

$$f_{cp} = \frac{F}{A} \tag{7.3}$$

式中，f_{cp} 为抗压强度，MPa；F 为保温砖承受最大压力，N；A 为承压面积，mm²。

7.4.2.3　吸附水含量测定

吸附水含量表征试件的含吸附水的情况，按式（7.4）计算（精确至 0.1%）。

$$\rho = \frac{m_1 - m_2}{m_1} \times 100 \tag{7.4}$$

式中，m_1 为试件常温条件下的质量，g；m_2 为试件恒温（40℃）条件下至恒重的质量，g。

7.4.2.4　导热系数的测定

导热系数是在稳定传热条件下，单位厚度物体两侧相差单位温度通过单位面积通过的热量，是一个常数，一般习惯上用 λ 表示。测导热系数是利用 DRH-Ⅲ 型导热系数测试仪（护热平板法）。在测定时，设定输出电压为 3.75V，20s 测量 3 次，加载下板压力为 200N，护热板温度设置为 45℃。启动仪器，开始加热，由护热板向中心传热。在保证中心量热板温度和护热板温度稳定在设置温度的 ±0.1 时，得出测量结果。

7.5　提铝粉煤灰残渣、脱硫石膏、保温浆料轻质保温板制备技术

火力发电是现代社会电力发展的主力军，燃煤电厂每年向空气中排放大量硫化物。随着我国环保力度的加大，燃煤电厂大多采用烟气脱硫技术来达到排放标准，随之产生的大量脱硫石膏的处理又成为一个难题。同时，燃煤电厂产生的粉煤灰也越来越多，相关文献显示，到 2020 年，我国粉煤灰的累积堆存量将达到 30 亿吨，为了降低粉煤灰堆放引起的环境污染和缓解我国铝土矿资源短缺的压力，粉煤灰提取氧化铝技术受到广泛关注。目前的粉煤灰提铝技术中，碱石灰石烧结法应用最广，但是每处理 1t 粉煤灰将排放 3.2t 的粉煤灰提铝残渣。发展以粉煤灰提铝残渣、脱硫石膏等工业固体废弃物为原材料，利用粉煤灰提铝残渣比表面积大、颗粒细小、疏松多孔等特点以及和脱硫石膏的协同作用制备轻质保温板，不仅能够实现固体废弃物的二次利用，达到保护环境和节约能源作用，而且对于我国可持续发展战略有着重要的意义。

以提铝残渣、脱硫石膏为主要原料采用压制成型制备轻质保温板，固体废弃物得到二次利用，实现了社会、环境与经济效益的和谐统一。本节研究了提铝残渣的掺量对轻质保温板的抗折强度、抗压强度、密度、保温隔热等性能的影响，得到生产轻质保温板的工艺配方。

7.5.1　轻质保温板的制备

实验所用脱硫石膏为平顶山市某燃煤电厂湿法烟气脱硫技术所产生的工业副

产物石膏，成分、物相如表 2.5 和图 2.6 所示；水玻璃是天津博迪化工股份有限公司生产的 $Na_2SiO_3 \cdot 9H_2O$；所用保温浆料为河南省内乡县生产销售的 JZ-C（无机活性）保温浆料。将原料干燥处理，按表 7.2 进行配料，在强制式搅拌机中搅拌混合 5min，加入外加剂和水之后再搅拌 2min，外加剂为水玻璃，添加量为 5%（质量分数）。

表 7.2　轻质保温板配方（质量分数）　　　　　　　　　（%）

提铝残渣	脱硫石膏	保温浆料	水
25	35	15	25
30	30	15	25
35	20	15	30
40	15	15	30
45	10	15	30

将原料混合均匀倒入模具中在压力机上压制成型，成型压力为 20MPa，成型尺寸为 240mm×120mm×25mm，保压 1min。成型之后的轻质保温板在自然条件下养护 14d 后检测相关性能指标。工艺流程如图 7.5 所示。

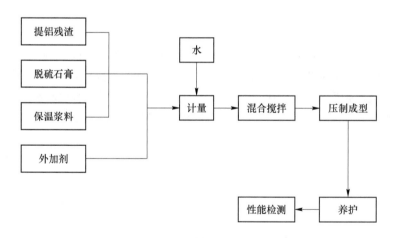

图 7.5　压制成型制备轻质保温板工艺流程

7.5.2　实验结果分析

7.5.2.1　体积密度

图 7.6 为不同掺量粉煤灰提铝残渣制得轻质保温板的体积密度。随着提铝残渣用量的增加，板的体积密度整体呈降低趋势，由 0.9g/cm³ 降低至 0.82g/cm³，这是因为提铝残渣本身密度小、疏松多孔，导致板的密度降低。当残渣掺量由

30% 增加到 35% 时，密度大幅度降低，由 0.88g/cm³ 降至 0.84g/cm³。这是因为提铝残渣比表面积大、颗粒细小、疏松多孔等特点，导致其需水量较大，当掺量由 30% 增加到 35% 时，为了保证顺利成型，水的加入量由 25% 增加至 30%，系统的固体物质降低，且残渣的活性较低，加入的水有一部分以自由水的状态存在，自然养护过程中水分蒸发，导致气孔率增加，最终使得板的密度急剧降低。

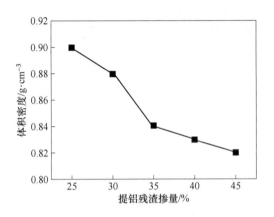

图 7.6　不同掺量提铝残渣所制备轻质保温板的密度

7.5.2.2　强度

不同掺量粉煤灰提铝残渣制得轻质保温板的抗压强度和抗折轻度如图 7.7 所示。随着残渣用量的增加，板的强度整体呈减小趋势，抗折强度由 2.3MPa 降至 1.5MPa，抗压强度由 12.8MPa 降至 10.5MPa。提铝残渣的活性要小于脱硫石膏，随着残渣掺量的增加，胶凝作用物质相对减少；同时，提铝残渣比表面积大、多

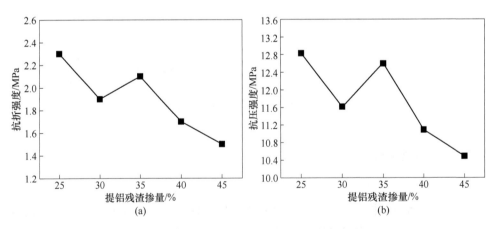

图 7.7　不同掺量提铝残渣所制备轻质保温板的强度

（a）抗折强度；（b）抗压强度

孔疏松，吸水量大，会相对减少脱硫石膏水化时的可用水量，这都不利于板的强度发展。当掺量由30%增加到35%时，板的强度有所增加，这可能只因为此时配方中水的用量增加，脱硫石膏得以充分水化，增加了强度。

7.5.2.3　导热系数

导热系数是衡量材料保温隔热的重要参数，实验采用 DRH-Ⅲ 型（护热平板法）导热系数测试仪测试不同掺量提铝残渣所制轻质保温板的导热系数，结果如图7.8所示。板材导热系数随粉煤灰提铝残渣用量增加的变化趋势和密度接近，由 0.21W/(m·K) 降至 0.13W/(m·K)。固体物质的导热系数要大于空气，多孔材料一般保温隔热较好，密度对导热系数影响很大。提铝残渣的活性很低，配比中的水多以自由水存在，自然养护过程中水分蒸发，留下大量气孔，而气孔的导热系数极小（约0.02W/(m·K)），从而降低了材料的导热系数。

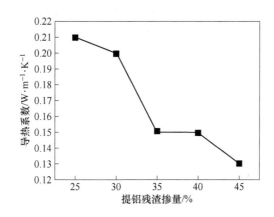

图7.8　不同掺量提铝残渣所制备轻质保温板的导热系数

7.6　提铝粉煤灰残渣、脱硫石膏/矿渣轻质保温板制备技术

粉煤灰提铝残渣是采用酸溶法、碱石灰石烧结法或酸碱联合法提取 Al_2O_3 后的尾渣。提铝工艺使得粉煤灰颗粒表面严重腐蚀，玻璃微珠结构受到严重破坏，导致比表面积大、颗粒细小、疏松多孔，因此该尾渣具有较高的活性。粉煤灰提铝残渣综合利用方式主要有生产水泥、制备蒸压砖、生产陶粒、增强沥青混合料等建筑材料方面。脱硫石膏是对燃煤或者燃油等含硫燃料燃烧产生的硫氧化物进行脱硫净化处理得到的石膏，主要产生于燃煤电厂的烟气脱硫工艺。脱硫石膏的粒径主要集中在 20~80μm，含有 10% 左右的游离水，主要矿物成分是二水硫酸钙晶体（$CaSO_4 \cdot 2H_2O$）。脱硫石膏的综合利用方式主要是作为生产水泥的缓凝

剂、生产石膏板和石膏砌块、制备粉刷石膏和高强石膏、改良碱化土壤等。发展以粉煤灰提铝残渣、脱硫石膏或矿渣等工业固体废弃物为原材料制备轻质保温板，不仅能够实现固体废弃物的二次利用，达到保护环境和节约能源的作用，而且对于中国可持续发展战略有着重要的意义。

7.6.1　轻质保温板的制备

实验所用矿渣为市售矿粉，主要性能见表7.3。

表7.3　矿渣的性能

比表面积/$m^2 \cdot kg^{-1}$	流动度比/%	7天活性指数/%	28天活性指数/%
410	98	65	93

将原料干燥处理，按表7.4进行配料，在强制式搅拌机中搅拌混合5min，加入外加剂和水之后再搅拌2min。外加剂为水玻璃，添加量为5%（质量分数）。

表7.4　轻质保温板配方（质量分数）　　　　　　　　　　（%）

提铝粉煤灰	脱硫石膏	矿渣	河砂	水
30	30	—	15	25
35	25	—	15	25
40	15	—	15	30
45	10	—	15	30
30	—	30	15	25
35	—	25	15	25
40	—	15	15	30
45	—	10	15	30

将原料混合均匀后倒入模具中在压力机上压制成型，成型压力为20MPa，成型尺寸为240mm×120mm×25mm，保压1min。以矿渣为掺合料的保温板在湿度为90%的环境下养护7d，然后在自然条件下养护7d；以脱硫石膏为掺合料的保温板在自然条件下养护14d。轻质保温板的制备工艺如图7.9所示，所制得的轻质保温板如图7.10所示。

7.6.2　实验结果分析

7.6.2.1　轻质保温板的密度

图7.11为不同掺量粉煤灰提铝残渣制得轻质保温板的密度。由图7.11看出，随着粉煤灰提铝残渣用量的增加，保温板的密度整体呈现降低趋势，这是因

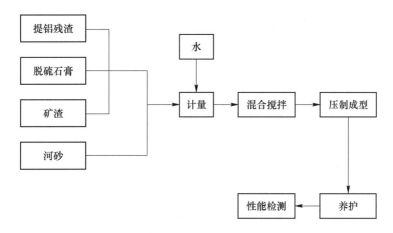

图 7.9 轻质保温板制备工艺流程

图 7.10 轻质保温板

为粉煤灰提铝残渣表观密度小、疏松多孔，导致保温板的密度降低。掺合料为脱硫石膏时保温板的密度由 1.29g/cm³ 降至 1.02g/cm³，掺合料为矿渣时保温板的密度由 1.33g/cm³ 降至 1.09g/cm³。掺脱硫石膏的试样密度较掺矿渣的试样密度低，这是由于矿渣和脱硫石膏的表观密度不同引起的。当粉煤灰提铝残渣掺量由 35% 增加到 40% 时，为保证顺利成型，水的加入量由 25% 增加至 30%，体系的固体物质含量降低，且粉煤灰提铝残渣的活性较低，加入的水有一部分以自由水的状态存在，自然养护过程中水分蒸发，导致气孔率增加，最终使得保温板的密度降低。

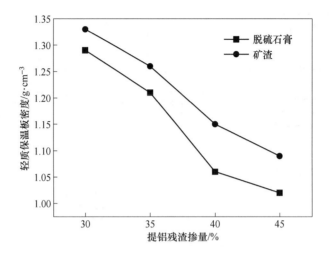

图 7.11   不同掺量粉煤灰提铝残渣制备轻质保温板密度

7.6.2.2   轻质保温板的强度

不同掺量粉煤灰提铝残渣制得轻质保温板抗压强度和抗折强度见图 7.12。随着粉煤灰提铝残渣用量的增加，保温板的强度整体呈现减小趋势，掺合料为脱硫石膏时抗折强度由 1.1MPa 降至 0.6MPa，抗压强度由 12.2MPa 降至 9.4MPa；掺合料为矿渣时抗折强度由 1.7MPa 降至 1.0MPa，抗压强度由 14.1MPa 降至 9.8MPa。粉煤灰提铝残渣的活性相对于矿渣和脱硫石膏是很低的，随着残渣用量增加，胶凝作用物质相对减少；同时，粉煤灰提铝残渣比表面积大、多孔疏松，吸水量大，会相对减少脱硫石膏水化时的可用水量，这都不利于板的强度增强。掺矿渣试样的强度均比掺脱硫石膏试样的强度高，这是因为水玻璃除了起到

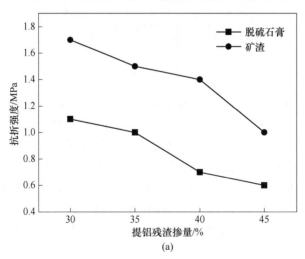

(a)

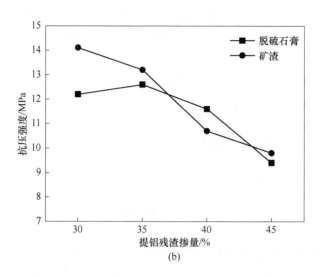

(b)

图 7.12 不同掺量提铝粉煤灰残渣制备轻质保温板的强度

(a) 抗折强度；(b) 抗压强度

黏结作用外，还作为一种化学激发剂提高矿渣的活性，生成具有胶凝性的物质，从而提高试样的强度。

7.6.2.3 轻质保温板的导热系数

导热系数是衡量材料保温隔热的重要参数，实验采用 DRH-Ⅲ 型（护热平板法）导热系数测试仪测试不同掺量粉煤灰提铝残渣制备轻质保温板的导热系数，结果见图 7.13。由图 7.13 看出，板材导热系数随粉煤灰提铝残渣用量增加的变化趋势和密度的变化趋势接近，掺合料为脱硫石膏时板材的导热系数由 0.58

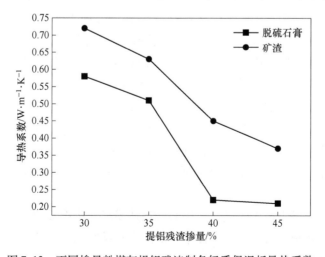

图 7.13 不同掺量粉煤灰提铝残渣制备轻质保温板导热系数

W/(m·K) 降至 0.21W/(m·K)，掺合料为矿渣时板材的导热系数由 0.72 W/(m·K) 降至 0.37W/(m·K)。固体物质的导热系数要大于空气的导热系数，多孔材料一般保温隔热效果较好，密度对导热系数的影响很大。掺矿渣试样的导热系数均比掺脱硫石膏试样的导热系数高，这可能是因为水玻璃激发了矿渣的潜在活性，生成的胶凝物质填充了由于水分蒸发导致的气孔。

7.7 不同外加剂对轻质保温板性能的影响

我国是 Al_2O_3 及其制品的生产及消费大国，但我国铝资源极其有限，为了缓解我国铝土矿资源短缺的压力，同时为了减少粉煤灰堆存引起的环境污染，使高铝粉煤灰中铝资源得到有效利用，高铝粉煤灰提取氧化铝技术得到广泛研究。然而，粉煤灰提铝后产生的大量提铝粉煤灰残渣（硅钙渣）不仅会占用大量土地，而且还会污染地下水资源、造成扬尘等，对当地生态环境带来二次污染。内蒙古大唐国际采用碱石灰烧结法提取高铝粉煤灰中的氧化铝，每生产 1t 的氧化铝将产生 2.8~3t 的废渣。因此，对提铝粉煤灰残渣进行研究与资源化利用具有长远的意义。

粉煤灰经过提取氧化铝后，颗粒表面遭到严重腐蚀，玻璃微珠结构受到严重破坏，使得提铝粉煤灰残渣颗粒呈疏松、多孔结构，从而具有比表面积大、颗粒细小、活性高等特点。提铝粉煤灰残渣的综合利用主要有：（1）水泥的原料，提铝残渣含有硅酸二钙，还有少部分铝和铁等元素，非常适合作为原料直接添加在生料中进行焙烧生产水泥；（2）制备陶粒，硅钙渣疏松多孔，密度较大，作为添加料，在烧制过程中，不仅能够与陶瓷其他成分很好融合，还能够极大增加陶瓷的强度，可以用于生产高性能陶瓷；（3）增强沥青混合料；（4）制备硅酸钙保温材料，在添加水玻璃和玻璃纤维后可以制备保温材料；（5）处理有机废水，利用水合硅酸钙渣质轻多孔，相对密度较小，吸附液体能力强等特点，经过改性后可以吸附处理有害的有机废水；（6）制备蒸压砖，以粉煤灰酸法提取氧化铝后剩余残渣为主要原料，加入石灰、石膏和骨料，经搅拌、消化、振捣、模压成型、静停、蒸压养护制得蒸压砖；（7）制备碳化硅，国外一家公司利用回收铝后的粉煤灰残渣通过碳热还原制取碳化硅获得成功；（8）制造釉面瓷砖，祁慧军等将硅钙渣、东胜黏土和竹鸡塔黏土按一定配比做坯烧制生产出节能型产品。

随着粉煤灰提铝技术的进步，势必会加速粉煤灰提取氧化铝工业化生产的进程，必将导致大量废渣的产生，提铝残渣问题日益突出，废渣如何利用已成为人们日益关注的热门话题。

7.7.1 轻质保温板的制备

干燥无塑性的聚乙烯醇（PVA）为有机化合物，白色絮状或粉末状固体，无味，无污染。可在 80~90℃ 水中溶解，不溶于汽油、煤油、植物油、苯等。本实验以聚乙烯醇溶液作为硅酸钙板的黏结剂，使用前水浴加热至 90℃，得到清澈的聚乙烯醇水溶液。将原料进行干燥，按表 7.5 配合比进行称量，在搅拌机中混合搅拌 5min，加水和外加剂之后再搅拌 2min。

表 7.5　轻质保温板配方（质量分数）　　（%）

提铝粉煤灰掺量	脱硫石膏掺量	河砂掺量	水掺量	水玻璃掺量	PVA 掺量
30	30	15	25	5	—
35	25	15	25	5	—
40	15	15	30	5	—
45	10	15	30	5	—
30	30	15	25	—	5
35	25	15	25	—	5
40	15	15	30	—	5
45	10	15	30	—	5

混合料倒入模具中在压力机上压制成型，成型尺寸为 240mm × 120mm × 25mm，成型压力为 20MPa，保压 1min。制备的保温板在自然条件下养护 14d 后检测各项性能。工艺流程如图 7.14 所示。

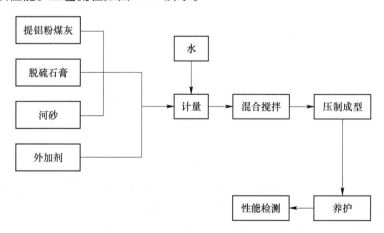

图 7.14　压制成型制备轻质保温板工艺流程

7.7.2 实验结果分析

7.7.2.1 密度

不同掺量提铝残渣所制备轻质保温板的密度如图 7.15 所示。随着提铝残渣掺量的增加,板的密度整体呈下降趋势,这是因为提铝残渣本身疏松多孔、密度小,导致板的密度降低。当掺量由 35% 增加到 40% 时,密度大幅度下降,外加剂为水玻璃时密度由 $1.21g/cm^3$ 降至 $1.06g/cm^3$,外加剂为 PVA 时密度由 $1.23g/cm^3$ 降至 $1.05g/cm^3$。这是因为提铝残渣粒度较细、表面疏松,导致其吸水量很大,当掺量由 35% 增加到 40% 时,为了保证成型效果,水的加入量由 25% 增加至 30%,提铝残渣的活性很低,所以加入的水以自由水的形式存在,自然养护过程中水分蒸发,留下大量气孔,导致板的密度降低。从图 7.15 中可以看出,两种外加剂对板的密度影响趋势基本一致。

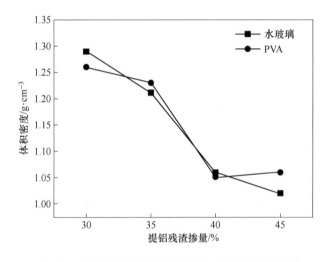

图 7.15 不同掺量提铝残渣所制备轻质保温板的密度

7.7.2.2 强度

图 7.16 为不同掺量提铝残渣所制备轻质保温板的抗折轻度和抗压强度。随着提铝残渣掺量的增加,板的强度整体趋势逐渐降低。外加剂为水玻璃时抗折强度由 1.1MPa 降至 0.6MPa,抗压强度由 12.2MPa 降至 9.4MPa;外加剂为 PVA 时抗折强度由 0.9MPa 降至 0.4MPa,抗压强度由 11.8MPa 降至 8.5MPa。提铝残渣的活性相对脱硫石膏是很低的,随着提铝残渣的增加,胶凝物质的量逐渐降低;另一方面,提铝残渣表面疏松,吸水量大,一定程度上影响了脱硫石膏的水化,这都不利于板的强度发展。从图 7.16 中可以看出,添加水玻璃所制备板的强度均高于添加 PVA 时的强度,当提铝残渣掺量为 40%,外加剂为水玻璃相比 PVA,

抗折强度提高了43%，抗压强度提高了17%。这可能是因为水玻璃除了起到黏结作用外，还作为一种化学激发剂，提高了提铝残渣的活性，从而有利于强度的提高。

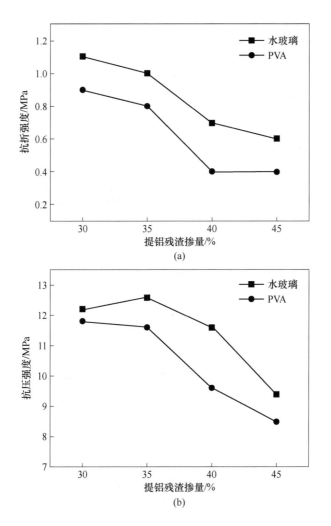

图7.16　不同掺量提铝残渣所制备轻质保温板的强度
（a）抗折强度；（b）抗压强度

7.7.2.3　导热系数

采用 DRH-Ⅲ型导热系数测试仪（护热平板法）测得板的导热系数如图7.17所示。导热系数随提铝残渣掺量增加的变化情况和密度趋于一致。同种物质，相同环境下，密度对其导热系数影响很大。提铝残渣掺量为40%，以水玻璃和 PVA 为外加剂，导热系数分别降低至0.22W/(m·K) 和0.24W/(m·K)。提铝残渣的活性很低，配比中的水多以自由水存在，自然养护过程中水分蒸发，留下大量气孔，而气孔的导热系数极小（约 $0.02W/(m \cdot K)$），从而降低了材料的导热系数。

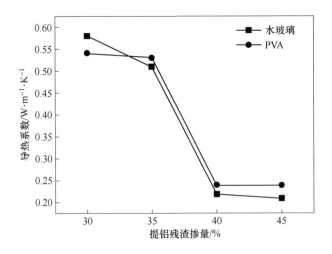

图 7.17　不同掺量提铝残渣所制备轻质保温板的导热系数

7.8　本章小结

（1）粉煤灰提取 Al_2O_3 后的尾渣呈碱性，主要含 Ca、Si 元素，另有少量的 Al、Fe、Mg 等元素；残渣的粒度分布为 $D_{10} = 6.71\mu m$，$D_{50} = 17\mu m$，$D_{90} = 30.74\mu m$；主晶相为硅酸二钙、$CaCO_3$、$Ca(OH)_2$；提铝过程对粉煤灰颗粒表面造成了严重腐蚀，玻璃微珠结构遭到破坏，呈疏松多孔状。

（2）以提铝残渣、脱硫石膏为主要原料制备轻质保温板，随着提铝残渣掺量的增加，板的密度和导热系数增加，强度降低。较优配方：提铝残渣 35%，脱硫石膏 20%，保温浆料 15%，水 30%。以此配方制备出了密度为 $0.84g/cm^3$，抗折强度为 2.1MPa，抗压强度为 12.6MPa，导热系数为 $0.15W/(m \cdot K)$ 的轻质保温板。

（3）以粉煤灰提铝残渣、脱硫石膏或矿渣为主要原料制备轻质保温板，随着粉煤灰提铝残渣掺量的增加，保温板的密度、导热系数、强度均呈下降趋势。掺矿渣试样的密度、导热系数、强度均比掺脱硫石膏试样的高。较优配方：脱硫石膏为 15%，提铝粉煤灰残渣为 40%，水为 30%，河砂为 15%。以此配方制备出了密度为 $1.06g/cm^3$、抗压强度为 11.6MPa、抗折强度为 0.7MPa、导热系数为 $0.22W/(m \cdot K)$ 的轻质保温板。通过对比发现水玻璃相比 PVA 更有利于轻质保温板强度的提高。

参 考 文 献

[1] 承松，任升莲，宋传中．电厂粉煤灰的特征及其综合利用 [J]．合肥工业大学学报，2003，26（4）：529～533.

[2] 唐福军，毕红梅，高金玲．粉煤灰的资源化利用与研究现状 [J]．黑龙江八一农垦大学学报，2006，18（6）：76～79.

[3] 杨权成，马淑花，谢华，等．高铝粉煤灰提取氧化铝的研究进展 [J]．矿产综合利用，2012（3）：3～6.

[4] 周金华．粉煤灰制备氧化铝的研究进展 [J]．辽宁化工，2009，2（2）：116～118.

[5] 万亚萌，王宝庆，王丹，等．粉煤灰回收氧化铝工艺研究进展 [J]．无机盐工业，2016，48（11）：7～11.

[6] 杨静，蒋周青，马鸿文，等．中国铝资源与高铝粉煤灰提取氧化铝研究进展 [J]．地学前缘，2014，21（5）：313～324.

[7] 杨磊，池君洲，王永旺，等．粉煤灰提取氧化铝的综合利用 [J]．洁净煤技术，2014，20（4）：113～115.

[8] 宋说讲，孔德顺，王丽华，等．硅钙渣的综合利用研究进展 [J]．云南化工，2013，40（4）：52～55.

[9] 赵林茂，李宝才．提取完氧化铝的硅钙渣综合利用试验 [J]．水泥，2014（3）：17～19.

[10] Wu C，Yu H，Zhang H. Extraction of aluminum by pressure acid-leaching method from coal fly ash [J]. Transactions of Nonferrous Metals Society of China，2012，22（9）：2282～2288.

[11] Nayak N，Panda C R. Aluminium extraction and leaching characteristics of Talcher Thermal Power Station fly ash with sulphuric acid [J]. Fuel，2010，89（1）：53～58.

[12] 蒲维，梁杰，雷泽明，等．粉煤灰提取氧化铝现状及工艺研究进展 [J]．无机盐工业，2016，48（2）：9～12.

[13] 董宏，潘爱芳，何廷树，等．准格尔矿区粉煤灰提铝残渣的理化性质研究 [J]．西安建筑科技大学学报：自然科学版，2010，42（1）：132～136.

[14] 朱元基．硅钙渣作为水泥原料的研究 [J]．矿冶工程，1983（1）：44～47.

[15] 徐银芳．硅钙渣作为水泥原料的研究 [J]．华中理工大学学报，1992，20（1）：147～152.

[16] 温平．硅钙渣作为水泥生产原料的可行性研究 [J]．建材世界，2012，33（3）：5～7.

[17] 杨殿范，郭昭华，赵以辛，等．一种利用粉煤灰提铝残渣生产蒸压砖的方法：101863068A [P]．2010－10－20.

[18] 李侠，张金山，赵俊梅．高强度硅钙渣陶粒及其制备方法：101885602A [P]．2010－11－17.

[19] 张金山，李侠，赵俊梅．硅钙渣增强沥青混合料：101863638A [P]．2010－10－20.

[20] 田贺忠，郝吉明，赵喆，等．燃煤电厂烟气脱硫石膏综合利用途径及潜力分析 [J]．中国电力，2006，39（2）：64～69.

[21] 苏清发，周勇敏，陈永瑞，等．脱硫灰/脱硫石膏作为水泥缓凝剂的水化行为 [J]．硅酸盐学报，2016，44（5）：663～667.

[22] 黄孙恺，俞新浩．用烟气脱硫石膏制备建筑石膏的工艺技术 [J]．新型建筑材料，2005 (1)：27～28.

[23] 肖国举，罗成科，白海波，等．脱硫石膏改良碱化土壤种植水稻施用量研究 [J]．生态环境学报，2009，18 (6)：2376～2380.

[24] 赵品，孙增梅，薛冰等．石灰石烧结法从粉煤灰提取氧化铝的研究 [J]．金属材料与冶金工程，2008，3 (2)：16～18.

[25] 张晓云，马鸿文，王军玲．利用高铝粉煤灰制备氧化铝的实验研究 [J]．中国非金属矿工业导刊，2005 (4)：27～30.

[26] 刘云颖．粉煤灰提取氧化铝的研究现状 [J]．无机盐工业，2007，10 (10)：16～18.

[27] 薛金根，唐锦霞，王翠平．粉煤灰碱石灰烧结法提取氧化铝的研究 [J]．粉煤灰综合利用，1992 (1)：20～23.

[28] 张佰永，周凤禄．粉煤灰石灰石烧结法生产氧化铝的机理探讨 [J]．轻金属，2007 (6)：17～18.

[29] 曹慧芳，孙俊民，张晓云等．一种利用硅钙渣和电石渣生产硅酸盐水泥的方法：2008101126177 [P]．2009－12－02.

[30] 覃永贵．利用硅钙渣处理苯酚的实验研究 [M]．北京：中国地质大学，2012.

[31] 中国神华能源股份有限公司．一种利用粉煤灰提铝残渣生产蒸压砖的方法：CN201010161895.9 [P]．2010－04－27.

[32] 周忠华．用铝回收后的粉煤灰残渣制备碳化硅 [J]．粉煤灰综合利用，2006，(6)：53.

[33] 祁慧军，祁慧雄，张金山，等．利用硅钙渣制造釉面砖的方法：CN102173740A [P]．2011－09－07.